21世纪高等学校规划教材 | 计算机应用

U0377807

C语言程序设计
（第4版）

张继生 王 杰 主编

王 瑞 张续亮 副主编

清华大学出版社

北 京

内 容 简 介

本书翔实地讲解了 C 语言的基本概念、原理和使用方法,力求让读者打下一个扎实的程序设计基础,培养读者程序设计的能力,在最后介绍了面向对象与 C++ 程序设计的基本概念和主要思想。本书主要内容包括 C 语言概述、数据描述与基本操作、C 语言的控制结构、函数基础、数组与指针、结构体与共用体、文件、面向对象与 C++ 程序设计等。本书采用循序渐进、深入浅出、通俗易懂的讲解方法,本着理论与实际相结合的原则,通过大量经典实例对 C 语言知识进行了重点讲解,使程序设计语言的初学者能够掌握利用 C 语言进行结构化程序设计的技术和方法,同时为读者进一步学习新程序设计语言打下扎实的基础。

本书以 C 编程基本技能训练为主线,突出基本技能的培养,内容完整,阐述准确,层次清楚。通过本书的学习,学生可牢固掌握程序设计的基本技能,以适应信息时代对大学生的科学素质的要求。

本书适用于高等学校各专业程序设计基础教学,特别适合作为应用型本科、高职院校的计算机及非计算机相关专业的学生使用,同时也是计算机等级备考的一本实用辅导书。

图书在版编目(CIP)数据

C 语言程序设计/张继生,王杰主编. —4 版. —北京:清华大学出版社,2019.9(2022.6重印)
(21 世纪高等学校规划教材·计算机应用)
ISBN 978-7-302-53791-5

Ⅰ. ①C… Ⅱ. ①张… ②王… Ⅲ. ①C 语言—程序设计—高等学校—教材 Ⅳ. ①TP312.8

中国版本图书馆 CIP 数据核字(2019)第 189109 号

责任编辑:贾 斌
封面设计:傅瑞学
责任校对:胡伟民
责任印制:丛怀宇

出版发行:清华大学出版社
    网 址:http://www.tup.com.cn,http://www.wqbook.com
    地 址:北京清华大学学研大厦 A 座   邮 编:100084
    社 总 机:010-83470000   邮 购:010-62786544
    投稿与读者服务:010-62776969,c-service@tup.tsinghua.edu.cn
    质量反馈:010-62772015,zhiliang@tup.tsinghua.edu.cn
    课件下载:http://www.tup.com.cn,010-83470236
印 刷 者:北京富博印刷有限公司
装 订 者:北京市密云县京文制本装订厂
经 销:全国新华书店
开 本:185mm×260mm 印 张:16.25   字 数:406 千字
版 次:2016 年 3 月第 1 版 2019 年 10 月第 4 版 印 次:2022 年 6 月第 4 次印刷
印 数:4501～5500
定 价:45.00 元

产品编号:083418-01

出 版 说 明

　　随着我国改革开放的进一步深化,高等教育也得到了快速发展,各地高校紧密结合地方经济建设发展的需要,科学运用市场调节机制,加大了使用信息科学等现代科学技术提升、改造传统学科专业的投入力度,通过教育改革合理调整和配置了教育资源,优化了传统学科专业,积极为地方经济建设输送人才,为我国经济社会的快速、健康和可持续发展以及高等教育自身的改革发展做出了巨大贡献。但是,高等教育质量还需要进一步提高以适应经济社会发展的需要,不少高校的专业设置和结构不尽合理,教师队伍整体素质亟待提高,人才培养模式、教学内容和方法需要进一步转变,学生的实践能力和创新精神亟待加强。

　　教育部一直十分重视高等教育质量工作。2007 年 1 月,教育部下发了《关于实施高等学校本科教学质量与教学改革工程的意见》,计划实施“高等学校本科教学质量与教学改革工程(简称‘质量工程’)”,通过专业结构调整、课程教材建设、实践教学改革、教学团队建设等多项内容,进一步深化高等学校教学改革,提高人才培养的能力和水平,以更好地满足经济社会发展对高素质人才的需要。在贯彻和落实教育部“质量工程”的过程中,各地高校发挥师资力量强、办学经验丰富、教学资源充裕等优势,对其特色专业及特色课程(群)加以规划、整理和总结,更新教学内容、改革课程体系,建设了一大批内容新、体系新、方法新、手段新的特色课程。在此基础上,经教育部相关教学指导委员会专家的指导和建议,清华大学出版社在多个领域精选各高校的特色课程,分别规划出版系列教材,以配合“质量工程”的实施,满足各高校教学质量和教学改革的需要。

　　为了深入贯彻落实教育部《关于加强高等学校本科教学工作,提高教学质量的若干意见》精神,紧密配合教育部已经启动的“高等学校教学质量与教学改革工程精品课程建设工作”,在有关专家、教授的倡议和有关部门的大力支持下,我们组织并成立了“清华大学出版社教材编审委员会”(以下简称“编委会”),旨在配合教育部制定精品课程教材的出版规划,讨论并实施精品课程教材的编写与出版工作。“编委会”成员皆来自全国各类高等学校教学与科研第一线的骨干教师,其中许多教师为各校相关院、系主管教学的院长或系主任。

　　按照教育部的要求,“编委会”一致认为,精品课程的建设工作从开始就要坚持高标准、严要求,处于一个比较高的起点上;精品课程教材应该能够反映各高校教学改革与课程建设的需要,要有特色风格、有创新性(新体系、新内容、新手段、新思路,教材的内容体系有较高的科学创新、技术创新和理念创新的含量)、先进性(对原有的学科体系有实质性的改革和发展,顺应并符合 21 世纪教学发展的规律,代表并引领课程发展的趋势和方向)、示范性(教材所体现的课程体系具有较广泛的辐射性和示范性)和一定的前瞻性。教材由个人申报或各校推荐(通过所在高校的“编委会”成员推荐),经“编委会”认真评审,最后由清华大学出版社审定出版。

目前，针对计算机类和电子信息类相关专业成立了两个"编委会"，即"清华大学出版社计算机教材编审委员会"和"清华大学出版社电子信息教材编审委员会"。推出的特色精品教材包括：

（1）21世纪高等学校规划教材·计算机应用——高等学校各类专业，特别是非计算机专业的计算机应用类教材。

（2）21世纪高等学校规划教材·计算机科学与技术——高等学校计算机相关专业的教材。

（3）21世纪高等学校规划教材·电子信息——高等学校电子信息相关专业的教材。

（4）21世纪高等学校规划教材·软件工程——高等学校软件工程相关专业的教材。

（5）21世纪高等学校规划教材·信息管理与信息系统。

（6）21世纪高等学校规划教材·财经管理与应用。

（7）21世纪高等学校规划教材·电子商务。

（8）21世纪高等学校规划教材·物联网。

清华大学出版社经过三十多年的努力，在教材尤其是计算机和电子信息类专业教材出版方面树立了权威品牌，为我国的高等教育事业做出了重要贡献。清华版教材形成了技术准确、内容严谨的独特风格，这种风格将延续并反映在特色精品教材的建设中。

清华大学出版社教材编审委员会

联系人：魏江江

E-mail：weijj@tup.tsinghua.edu.cn

前　言

C/C++语言是一种在国际上广泛流行的计算机程序设计语言。它具有表达能力强、功能丰富、目标程序效率高、可移植性好、使用灵活方便等特点,既具有高级语言的优点,又具有低级语言的某些特点,能够有效地用来编制各种系统软件和应用软件。同时,C语言的控制结构简明清晰,是非常适合进行结构化程序设计的一种计算机语言。因此,目前国内大部分高等院校都把C语言作为计算机和非计算机相关专业的一门程序设计语言课程。

C/C++语言涉及的概念多、规则复杂、容易出错,初学者往往感觉困难。本教材在详细阐述程序设计基本概念、原理和方法的基础上,采用循序渐进、深入浅出、通俗易懂的讲解方法,本着理论与实际相结合的原则,通过大量经典实例重点讲解了C语言的概念、规则和使用方法,使程序设计语言的初学者能够在建立正确程序设计理念的前提下,掌握利用C语言进行结构化程序设计的技术和方法。全书共9章,主要内容包括:第1章,C语言概述;第2章,数据描述与基本操作;第3章,C语言的控制结构;第4章,函数基础;第5章,数组与指针;第6章,指针与函数;第7章,结构体与共用体;第8章,文件;第9章,面向对象与C++程序设计。书中对数组、函数、指针、变量的存储类型、结构体和共用体、文件等重点和难点的内容进行了深入讲解和分析。本书作为"C/C++语言程序设计"课程的教材,重视对程序设计和C语言基本概念、原理和规则的讲解,力求让读者打下一个扎实的基础,培养读者良好的编程风格,提高读者进一步学习新程序设计语言的能力。

本书可作为高等学校各专业程序设计基础教学的教材,特别适合作为应用型本科、高职院校的计算机及非计算机专业的学生使用。书中的例题和习题紧密结合计算机等级考试内容,可作为编程人员和C语言自学者的参考用书,也可作为计算机等级考试备考辅导书。

第1章、第2章由王瑞编写,第3章由张续亮编写,第4章、第7章由王杰编写,第5章由张继生编写,第6章由孟丹编写,第8章由刘尚懿编写,第9章由王彩霞编写。清华大学出版社的编辑和校对人员为本书出版付出了心血,在此表示感谢!

为了帮助读者学习,每章均设有小结和习题,同时本书有配套的《C语言程序设计上机指导与习题解答》的实验教材。配套教材重点介绍了Visual C++ 2010编译系统的使用方法,使学生在实践学习过程中能迅速掌握C/C++语言程序的编辑、编译、调试和运行方法。

由于编者水平有限,书中难免存在一些不足,殷切希望广大读者批评指正。

编　者

2019 年 8 月

目　录

第1章 C语言概述

C 语言是国际上广泛流行的高级程序设计语言之一,它具有语言简洁、使用方便灵活、移植性好、能直接对系统硬件和外围接口进行控制等特点。作为系统描述语言,既可以用来编写系统软件,又可以用来编写应用软件,集汇编语言和高级语言的优点于一身。本章将简要介绍 C 语言的发展和特点、C 程序结构及 C 程序的运行环境。

本章要点

➢ 了解 C 语言的发展。

➢ 了解程序设计基础知识。

➢ 掌握 C 语言程序的结构。

➢ 掌握 C 语言的开发环境。

1.1　C 语言的发展与特点

1.1.1　C 语言的发展

C 语言的原型是 ALGOL 60 语言。1963 年,剑桥大学将 ALGOL 60 语言发展成为 CPL (Combined Programming Language)语言。1967 年,剑桥大学的 Matin Richards 对 CPL 语言进行了简化,于是产生了 BCPL 语言。1970 年,美国贝尔实验室的 Ken Thompson 将 BCPL 进行了修改,并为它起了一个有趣的名字"B 语言",意思是将 CPL 语言中的精华提炼出来,并且他用 B 语言写了第一个 UNIX 操作系统。1973 年,美国贝尔实验室的 D. M. Ritchie 在 B 语言的基础上最终设计出了一种新的语言,他用 BCPL 的第二个字母作为这种语言的名字,即 C 语言。

为了使 UNIX 操作系统推广,1977 年 D. M. Ritchie 发表了不依赖于具体机器系统的 C 语言编译文本《可移植 C 语言编译程序》。

1978 年 Brian W. Kernighian 和 D. M. Ritchie 出版了名著 *The C Programming Language*,从而使 C 语言成为目前世界上流行最广泛的高级程序设计语言。

随着微型计算机的日益普及,出现了许多 C 语言版本。由于没有统一的标准,使得这些 C 语言之间出现了一些不一致的地方,为了改变这种情况,美国国家标准研究所(ANSI)于 1983 年成立了专门定义 C 语言标准的委员会,花了 6 年时间使 C 语言迈向标准化。随着 C 语言被广泛关注与应用，ANSI C 标准于 1989 年被采用，该标准一般称为 ANSI/ISO Standard C，成为现行的 C 语言标准，而且成为最受欢迎的语言之一。

到了 1995 年，在 ANSI C 的基础上增加了一些库函数，出现了初步的 C++。C++进一步扩充和完善了 C 语言，成为一种面向对象的程序设计语言。C++目前比较流行的版本是 Microsoft Visual C++ 2010。VC++提出了一些更为深入的概念，它所支持的这些面向对象的概念容易将问题空间直接地映射到程序空间，为程序员提供了一种与传统结构程序设计不同的思维方式和编程方法，因而也增加了整个语言的复杂性。

C 语言是 C++的基础，C++语言兼容了 C 语言的主体功能。本书是以 Microsoft Visual C++ 2010 系统为平台来介绍 C 语言程序设计，所有的 C 语言程序都基于 Microsoft Visual C++ 2010 环境下运行。

1.1.2　C 语言的特点

C 语言是一种极具生命力的语言，它具有很多方面的特点。一般可归纳如下：

（1）语言简洁、紧凑，使用方便、灵活。C 语言共有 32 个关键字、9 种控制语句，程序书写形式自由，主要用小写字母表示，压缩了一切不必要的成分。

（2）具有结构化控制语句（如 if…else 语句、while 语句、do…while 语句等）。用函数作为程序的模块单位，便于实现程序的模块化，函数之间调用灵活、方便。C 语言是完全模块化和结构化的语言。

（3）运算符丰富。有 34 种运算符和 15 个等级的运算优先顺序，使表达式类型多样化，灵活使用运算符，可以实现在其他高级语言中难以实现的运算。

（4）数据类型丰富。提供的类型有整型、实型、字符型、数组类型、指针类型、结构体类型及共用体类型等，能用来实现各种复杂的数据结构（如链表、树、栈等）的运算。

（5）比较接近硬件，即允许直接访问物理地址，能进行位操作，能实现汇编语言的大部分功能，可以直接对硬件进行操作。因此，C 语言即具有高级语言的功能，又具有低级语言的许多功能，可以用来编写系统软件。C 语言的这种双重性，使它既是成功的系统描述语言，又是通用的程序设计语言。因为 C 语言程序也要通过编译、连接才可以执行，所以仍习惯将 C 语言称为高级语言。

（6）语法限制少，程序设计自由度大。允许程序编写者有较大的自由度，放宽了以往高级语言严格的语法检查，较好地处理了"限制"与"灵活"这一对矛盾。

（7）生成目标代码质量高、程序执行效率高。一般只比汇编程序生成的目标代码效率低 10%～20%。

（8）可移植性好。基本上不做修改就能用于各种型号的计算机和各种操作系统。

综上所述，可以看出 C 语言是非常重要的程序设计语言，在软件行业有它广泛的应用。虽然目前面向对象的各类高级语言盛行，但因为 C 语言是面向对象程序设计语言 Visual C++的基础，所以 C 语言仍然是非常重要的一门课程，学习 C 语言之后，进一步学习 C++就会非常轻松。

1.2 程序设计基础

随着计算机技术的发展,为科学计算与数据处理提供了高速度、高精度的计算工具。但计算机在本质上只能机械地执行输入的命令,它本身不会主动地进行思维,也不可能发挥任何创造性。因此,在利用计算机解决问题时,要进行程序设计——用计算机语言描述出解决问题的方法。

1.2.1 程序

计算机是一种具有内部存储能力的自动、高效的电子设备,它最本质的使命就是执行指令所规定的操作。如果我们需要计算机完成什么工作,只要将其步骤用诸条指令的形式描述出来,并把这些指令存放在计算机的内部存储器中,需要结果时就向计算机发出一个简单的命令,计算机就会自动逐条顺序执行操作,全部指令执行完就得到了预期的结果。这种可以被连续执行的一条条指令的集合称为计算机的程序。也就是说,程序是计算机指令的序列,编制程序的工作就是为计算机安排指令序列。

但是,指令是二进制编码,用它编制程序既难记忆,又难掌握,所以,计算机工作者就研制出了各种计算机能够懂得、人们又方便使用的计算机语言,程序就是用计算机语言来编写的。因此,计算机语言通常被称为"程序语言",一个计算机程序总是用某种程序语言书写的。

1.2.2 程序设计

什么是程序设计呢?在日常生活中可以看到,同一台计算机,有时可以画图,有时可以制表,有时可以玩游戏,诸如此类,不一而举。也就是说,尽管计算机本身只是一种现代化方式批量生产出来的通用机器,但是,使用不同的程序,计算机就可以处理不同的问题。计算机之所以能够产生如此之大的影响,其原因不仅在于人们发明了机器本身,更重要的是人们为计算机开发出了不计其数的能够指挥计算机完成各种各样工作的程序。正是这些功能丰富的程序给了计算机无尽的生命力,它们正是程序设计工作的结晶。而程序设计就是用某种程序语言编写这些程序的过程。

更确切地说,所谓程序,是指用计算机语言对所要解决的问题中的数据以及处理问题的方法和步骤所做的完整而准确的描述,这个描述的过程就称为程序设计。对数据的描述就是指明数据结构形式;对处理方法和步骤的描述就是算法问题。因而,数据结构与算法是程序设计过程中密切相关的两个方面。曾经发明 Pascal 语言的著名计算机科学家 Niklaus Wirth 教授关于程序提出了著名公式:程序=数据结构+算法。这个公式说明了程序设计的主要任务。本书是介绍程序设计语言之一——C 语言程序设计的,有关数据结构部分不做介绍,关于算法的问题在下一节给出初步的介绍。

对于程序设计的初学者来说,首先要学会设计一个正确的程序。一个正确的程序,通常包括两个含义:一是书写正确,二是结果正确。书写正确是指程序在语法上正确,符合程序语言的规则;结果正确通常是指对应于正确的输入,程序能产生所期望的输出,符合使用者对程序功能的要求。程序设计的基本目标是编制出正确的程序和注重程序的高质量。所谓高质量，是指程序具有良好的结构、可读性好、可靠性高、便于维护等一系列特点。毫无疑问，无论是一个正确的程序，还是一个高质量的程序，都需要设计才能使之达到预期的目标。

那么，如何进行程序设计呢？一个简单的程序设计一般包含以下4个步骤：

（1）分析问题，建立数学模型。使用计算机解决具体问题时，首先要对问题进行充分的分析，确定问题是什么，解决问题的步骤又是什么。针对所要解决的问题，找出已知的数据和条件，确定所需的输入、处理及输出对象。将解题过程归纳为一系列的数学表达式，建立各种量之间的关系，即建立解决问题的数学模型。有许多问题的数学模型是显然的或者简单的，以至于没有感觉到需要模型。但是有更多复杂的问题需要靠分析问题来构造计算模型，模型的好与坏、对与错，在很大程度上决定了程序的正确性和复杂程度。

（2）确定数据结构和算法。根据建立的数学模型，对指定的输入数据和预期的输出结果，确定存放数据的数据结构。针对所建立的数学模型和确定的数据结构，选择合适的算法加以实现。注意，这里所说的"算法"泛指解决某一问题的方法和步骤，而不仅仅是指"计算"。

（3）编制程序。根据确定的数据结构和算法，用自己所使用的程序语言把这个解决方案严格地描述出来，也就是编写出程序代码。

（4）调试程序。在计算机上用实际的输入数据对编好的程序进行调试，分析所得到的运行结果，进行程序的测试和调整，直至获得预期的结果。

由此可见，一个完整的程序要涉及4个方面的问题：数据结构、算法、编程语言和程序设计方法。这四个方面的知识都是程序设计人员所必须具备的，其中算法是至关重要的一个方面。关于数据结构和算法问题有专门的著作，本书的重点是介绍编程语言和程序设计方法。但是，如果对算法一无所知，就无法进行基本的程序设计。因此，下面对算法的基本概念、基本设计和表示方法做初步介绍，目的是使初学者了解程序设计如何开始。

1.2.3　算法

1. 算法的基本概念

什么是算法？当代著名计算机科学家 D. E. Knuth 在他撰写的 *THE ART OF COMPUTER PROGRAMMING* 一书中写到："一个算法，就是一个有穷规则的集合，其中之规则规定了一个解决某一特定类型的问题的运算序列。"简单地说，任何解决问题的过程都是由一定的步骤组成的，把解决问题确定的方法和有限的步骤称作为算法。

不是只有计算问题才有算法，做任何事情都有一定步骤。例如，你想去北京开会，首先要买火车票，然后按照车票的时间地点坐火车到达目的地，参加会议。新生开学报到，要根据录取通知书到指定学校报到注册。这些活动都是按一定的顺序进行，缺一不可。我们从事的任何活动，都必须按一定的步骤进行，才能顺利完成。

通常计算机算法分为两大类：数值运算算法和非数值运算算法。数值运算是指对问题求数值解，例如对微分方程求解、对函数的定积分求解等，都属于数值运算范围。非数值运算包括非常广泛的领域，例如资料检索、事务管理、数据处理等。数值运算有确定的数学模型，一般都有比较成熟的算法。许多常用算法通常还会被编写成通用程序并汇编成各种程序库的形式,用户需要时可直接调用。例如数学程序库、数学软件包等。而非数值运算的种类繁多,要求不一,很难提供统一规范的算法。

下面通过3个简单的问题说明设计算法的思维方法。

【例1-1】　有黑和蓝两个墨水瓶,但错把黑墨水装在了蓝墨水瓶子里,而蓝墨水错装在了黑墨水瓶子里,要求将其互换。

算法分析:这是一个非数值运算问题。因为两个瓶子的墨水不能直接交换,所以,解决这一问题的关键是需要引入第3个墨水瓶。设第3个墨水瓶为白色,其交换步骤如下:

① 将黑瓶中的蓝墨水装入白瓶中;

② 将蓝瓶中的黑墨水装入黑瓶中;

③ 将白瓶中的蓝墨水装入蓝瓶中;

④ 交换结束。

【例1-2】　计算函数 $M(x)$ 的值。函数 $M(x)$ 为: $M(x)=\begin{cases} x^2+1 & (x\geq 0) \\ x^2-1 & (x<0) \end{cases}$ 。

算法分析:本题是一个数值运算问题。其中 M 代表要计算的函数值,有两个不同的表达式,根据 x 的取值决定采用哪一个算式。根据计算机具有逻辑判断的基本功能,用计算机解题的算法如下:

① 将 x 的值输入计算机;

② 判断 $x>=0$ 是否成立,如果条件成立,执行第③步,否则执行第④步;

③ 按表达式 x^2+1 计算出结果存放到 M 中,然后执行第⑤步;

④ 按表达式 x^2-1 计算出结果存放到 M 中,然后执行第⑤步;

⑤ 输出 M 的值;

⑥ 算法结束。

【例1-3】　给定两个正整数 m 和 n(m≥n),求它们的最大公约数。

算法分析:这也是一个数值运算问题,它有成熟的算法,我国数学家秦九韶《算书九章》一书中曾记载了这个算法。求最大公约数的问题一般用辗转相除法(也称欧几里得算法)求解。

例如:设 m 为 35,n 为 15,余数用 r 表示。它们的最大公约数的求法如下:

35/15 商 2 余数为 5,以 n 作 m,以 r 作 n,继续相除;15/5 商 3 余数为 0 当余数为零时,所得 n 即为两数的最大公约数。所以 35 和 15 两数的最大公约数为 5。

用这种方法求两数的最大公约数,其算法可以描述如下:

① 将两个正整数存放到变量 m 和 n 中;

② 求余数:计算 m 除以 n,将所得余数存放到变量 r 中;

③ 判断余数是否为 0:若余数为 0 则执行第⑤步,否则执行第④步;

④ 更新被除数和余数:将 n 的值存放到 m 中,将 r 的值存放到 n 中,并转向第②步继续循环执行;

⑤ 输出 n 的当前值,算法结束。

由上述 3 个简单的例子可以看出,一个算法由若干操作步骤构成,并且这些操作是按一定的控制结构所规定的次序执行。如例 1-1 是顺序执行的,称之为顺序结构。而在例 1-2

中,则不是所有步骤都执行。如第3步和第4步的两个操作就不能同时被执行,它们需要根据条件判断决定执行哪个操作,这种结构称之为分支结构。在例1-3中不仅包含了判断,而且需要重复执行。如第2～第4步骤就需要根据条件判断是否重复执行,并且一直延续到条件"余数为0"为止,这种具有重复执行功能的结构称之为循环结构。

2. 算法的两要素

由上述3个例子可以看出,任何简单或复杂的算法都是由基本功能操作和控制结构这两个要素组成。任何类型的计算机最基本的功能操作是一致的,包括以下4个方面:

(1) 逻辑运算:与、或、非;

(2) 算术运算:加、减、乘、除;

(3) 数据比较:大于、小于、等于、不等于、大于等于、小于等于;

(4) 数据传送:输入、输出、赋值。

算法的控制结构决定了算法的执行顺序。如以上例题所示,算法的基本控制结构通常包括顺序结构、分支结构和循环结构。不论是简单的还是复杂的算法,都是由这三种基本控制结构组合而成的。

算法是对程序控制结构的描述,而数据结构是对程序中数据的描述。因为算法的处理对象必然是问题中所涉及的相关数据,所以不能离开数据结构去抽象地分析程序的算法,也不能脱离算法去孤立地研究程序的数据结构,而只能从算法和数据结构的统一上去认识程序。但是,在计算机的高级语言中,数据结构是通过数据类型表现的,本书在后面章节中,将通过对C语言数据类型的详细描述说明数据结构在程序设计中的作用。这里只讨论算法的问题。

3. 算法的特征

一个算法应该具有以下几个重要的特征。

(1) 有穷性:一个算法必须保证执行有限步之后结束,并且每一步都在合理的时间内完成。

(2) 确切性:算法的每一步骤必须有确切的定义,不允许有多义性。

(3) 可行性:算法原则上能够精确地运行,而且人们用笔和纸做有限次运算后即可完成。

(4) 输入:输入是指在执行算法时从外界获得数据。一个算法可有0个或多个输入,以刻画运算对象的初始情况,所谓0个输入是指算法本身确定了初始条件。

(5) 输出:一个算法有一个或多个输出,以反映对输入数据加工后的结果。没有输出的算法是毫无意义的。

4. 算法设计的要求

一个算法的设计需要注意以下几方面:

(1) 正确性:算法的正确性包含4个层次,即程序不含语法错误;程序对于几组输入数据能够得出满足规格说明要求的结果;程序对于精心选择的典型、苛刻而带有刁难性的几组输入数据能够得出满足规格说明要求的结果;程序对于一切合法的输入数据都能产生满足规格说明要求的结果。

（2）可读性：算法主要是用于人的阅读与交流，可读性好有助于人们对算法的理解与掌握。

（3）健壮性：当输入数据非法时，算法应适当地做出反应或进行处理，而不会产生错误的输出结果。

（4）高效率和低存储量：效率指的是算法执行时间。对于解决同一问题的多个算法，执行时间短的算法效率高。存储量需求指算法执行过程中所需要的最大存储空间。两者都与问题的规模有关。

5．算法的描述

算法可以用任何形式的语言和符号来描述，通常有自然语言、程序语言、流程图、N-S图、PAD图、伪代码等。例1-1、例1-2、例1-3就是用自然语言来表示算法，而所有的程序是直接用程序设计语言表示算法。流程图、N-S图和PAD图是表示算法的图形工具，其中，流程图是最早提出的用图形表示算法的工具，所以也称为传统流程图。它具有直观性强、便于阅读等特点，具有程序无法取代的作用。N-S图和PAD图符合结构化程序设计要求，是软件工程中强调使用的图形工具。

因为流程图便于交流，又特别适合于初学者使用，对于一个程序设计工作者来说，会看会用传统流程图是必要的。本书主要介绍和使用传统流程图表示算法。

（1）流程图符号。

所谓流程图，就是对给定算法的一种图形解法。它用规定的一系列图形、流程线及文字说明来表示算法中的基本操作和控制流程，其优点是形象直观、简单易懂、便于修改和交流。美国国家标准化协会 ANSI（American National Standard Institute）规定了一些常用的符号，表1-1中分别列出了标准的流程图符号的名称、表示和功能。这些符号已被世界各国的广大程序设计工作者普遍接受和采用。

表 1-1　标准的流程图符号的名称、表示和功能

符 号 名 称	符　　号	功　　能
起止框		表示算法的开始和结束
输入/输出框		表示算法的输入/输出操作，框内填写需输入或输出的各项
处理框		表示算法中的各种处理操作，框内填写处理说明或算式
判断框		表示算法中的条件判断操作，框内填写判断条件
注释框		表示算法中某操作的说明信息，框内填写文字说明
流程框	和	表示算法的执行方向
连接点		表示流程图的延续

（2）用传统流程图描述算法。

用流程图表示算法，能够直观、形象的描述算法，更易于理解。如下面的例子：

【例1-4】　用传统流程图描述例1-2，如图1-1所示。

【例1-5】　用传统流程图描述，键盘输入任意整数 n，判断 n 是否为素数，输出相应信息，如图1-2所示。

图 1-1　例 1-4 流程图

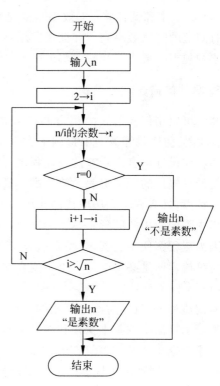

图 1-2　例 1-5 流程图

（3）用 N-S 图描述算法。

1973 年美国学者提出了一种新的流程图形式——N-S 流程图，N-S 流程图去掉了所有的流程线，算法写在一个矩形内，在该矩形框内还可以包括其他矩形框。

【例1-6】　用 N-S 图描述求矩形面积，如图1-3所示。

【例1-7】　用 N-S 图描述求 N!，如图1-4所示。

输入 a,b(边长)
m=a*b
输出 m

图 1-3　求矩形面积 N-S 图

图 1-4　求 N! 的 N-S 图

通过以上几个例子可以看出流程图是表示算法的较好工具,用流程图表示算法直观形象,比较清楚地显示出各个框之间的逻辑关系,因此熟练运用流程图表示算法有利于程序设计者设计程序。

1.2.4 数据结构

数据结构是指相互之间存在一种或多种特定关系的数据元素集合,是带有结构的数据元素的集合,它指的是数据元素之间的相互关系,即数据的组织形式。数据元素具有广泛的含义,一般来说,现实世界中客观存在的一切个体都可以是数据元素。例如,描述一年四季的季节名春、夏、秋、冬可以作为季节的数据元素;表示家庭成员的各成员名父亲、儿子、女儿可以作为家庭成员的数据元素。

数据结构主要研究以下 3 个方面的问题:

(1) 数据集合中各数据元素之间所固有的逻辑关系,即数据的逻辑结构;

(2) 在对数据进行处理时,各数据元素在计算机中的存储关系,即数据的存储结构;

(3) 对各种数据基于某种数据结构进行的运算。

数据的逻辑结构在计算机内存中的存放形式称为数据的存储结构。一般来说,一种数据的逻辑结构根据需要可以表示成多种存储结构。常用的存储结构有顺序、链接等存储结构。C 语言中将介绍多种数据类型,其中的数组类型在内存中是顺序存储,而链表结构在内存中是链接存储的。

对数据集合中的各元素进行的运算,包括插入、删除、查找、更改等运算,也包括对数据元素进行分析。C 语言中将介绍对若干个数求最大值、最小值、平均值、排序、查找等运算。

1.3 C 语言程序的结构

为了描述 C 语言源程序的结构特点,本节通过两个简单 C 语言程序来说明。

【例 1-8】 利用三角形面积公式:$S=\sqrt{p(p-a)(p-b)(p-c)}$ 计算三角形面积。其中 $p=(a+b+c)/2$,a、b、c 为三角形的三边长。

程序代码:

```
# include < math.h>
# include < stdio.h>
void main()
{
    double a,b,c,p,s;
    printf("input number:\n");
    scanf(" % lf, % lf, % lf",&a,&b,&c);         /* 输入三角形的三边长 */
    p = (a+b+c)/2;
    s = sqrt(p * (p-a) * (p-b) * (p-c));          /* 求面积 */
    printf("s = % lf\n",s);                       /* 输出面积 */
}
```

程序说明:

(1) #include 称为文件包含处理命令,< math.h>和< stdio.h>称为头文件。

（2）main 是函数名，表示这是一个主函数。每一个 C 源程序都必须有且只能有一个主函数（main 函数）。

（3）函数 printf()的功能是把要输出的信息输出到显示器上。

（4）函数 scanf()的功能是从键盘接收所输入的数据。

printf 函数是一个由系统定义的标准函数，可在程序中直接调用。

头文件中包括了各个标准库函数的函数原型。因此，凡是在程序中调用一个库函数时，都必须包含该函数原型所在的头文件。在本例中，使用了库函数 sqrt，sqrt 函数是数学函数，其头文件为 math.h 文件，因此在程序的主函数前用 include 命令包含了 math.h。scanf 和 printf 是标准输入输出函数，其头文件为 stdio.h，在主函数前也用 include 命令包含了 stdio.h 文件。

【例 1-9】 求两个整数中较大者。

程序代码：

```
# include < stdio. h>
void main()                      /* 主函数 */
{
    int a,b,c;
    scanf(" % d, % d",&a,&b);
    c = fun(a,b);                /* 调用 fun 函数，将得到的结果赋给 c */
    printf("max = % d\n",c);
}
int fun(int x, int y)            /* 定义 fun 函数，函数值为整型，形式参数 x、y 为整数 */
{
    int t;
    if(x> y) t = x;
    else t = y;
    return(t);                   /* 将 t 值返回，通过 fun 函数带回到调用的位置 */
}
```

本程序包括两个函数：主函数 main 和被调函数 fun。fun 函数的作用是将 x 和 y 中较大的数赋值给变量 t，return 语句将 t 的值返回给主调函数 main。返回值通过函数名 fun 带回到 main 函数中的调用 fun 函数的位置。

通过以上两个例子可以看出 C 语言程序的特点，总结如下：

（1）C 语言源程序由一个或多个函数所组成。C 语言源程序必须有一个名为 main 的主函数，也可以包含一个 main 函数和若干个其他函数，函数是 C 程序的基本单位。程序的执行总是从主函数 main 开始，而不论其他函数的位置是否在主函数 main 之前，其他函数是通过函数间调用被执行的。主函数以外的其他函数可以是系统提供的库函数，例如 printf()函数和 scanf()函数，也可以是用户根据需要自己编制的函数，如例 1-9 中的 fun 函数。

（2）函数由函数说明和函数体两部分组成。函数说明部分指明函数名、函数类型、函数参数名及参数类型等。如例 1-9 中的 fun 函数的说明部分为：

```
int fun( int x, int y)
```

一个函数名后面必须跟一对圆括号，括号内写函数的参数名及其类型。函数可以没有参数,如主函数 main()。

函数体是函数中花括号内的部分。它包括变量的说明和一组执行语句。如果一个函数内有多个花括号,则最外层的一对花括号内是函数体的范围。

(3)源程序中可以有预处理命令(include 命令仅为其中的一种),预处理命令通常应放在源文件或源程序的最前面。

(4)编辑 C 源程序时,一行可以写多条语句,也可以将一条语句写在多行上。要注意的是:分号";"是 C 语句的组成部分,每一个语句和数据声明最后都必须以分号结束。

(5)标识符与关键字之间必须至少加一个空格以示间隔。若已有明显的间隔符,也可不再加空格来间隔。

(6)注释符:注释在程序中起提示、解释程序的作用。C 语言的注释是以"/ ﹡"开头并以"﹡/"结尾的字符序列。注释可出现在程序中的任何位置,程序编译时不对注释做任何处理。

1.4 C 语言程序的开发与环境

C 语言程序可以在 Turbo C、Microsoft Visual C++等平台上运行,本书以 Visual C++ 2010 为操作平台,介绍 C 程序设计。

1.4.1 C 语言程序的开发

用 C 语句编写的程序称为源程序,是不能直接运行的。一般 C 程序开发要经历 4 个基本步骤:编辑、编译、连接和运行,其操作过程如图 1-5 所示。

1. 编辑

使用字处理软件或编辑工具将源程序以文本文件形式保存到磁盘,源程序文件名由用户自己选定,但扩展名必须为".c"。

2. 编译

编译的功能就是调用"编译程序",将已编辑好的源程序翻译成二进制的目标代码。如果源程序没有语法错误将产生一个与源程序同名,以".obj"为扩展名的目标程序。

3. 连接

编译后产生的目标程序往往形成多个模块,还要和库函数进行连接才能运行,连接过程是使用系统提供的"连接程序"运行的。连接后,产生以".exe"为扩展名的可执行程序。

图 1-5 C 语言程序的操作

4．运行

可执行程序生成后，就可以在操作系统的支持下运行，若执行结果达到预期的目的，则开发工作到此完成。否则，就要进一步检查修改源程序，重复上述步骤，直到取得最终的正确结果为止。

1.4.2　C语言程序的开发环境

在此简单介绍在 Visual C++ 2010（以下简称 VC++）集成环境中，如何建立项目和 C 程序，以及调试运行 C 程序的方法。

1．启动 Visual C++

选择【开始】菜单【程序】项中的【Microsoft Visual C++ 2010】，启动 Visual C++ 2010 编译系统。Visual C++ 主窗体如图 1-6 所示。

图 1-6　Visual C++ 2010 环境

2．新建项目

在起始页单击【新建项目…】，如图 1-6 所示，或在菜单栏单击【文件】→【新建】→【项目】，如图 1-7 所示，将弹出如图 1-8 所示窗口。

在图 1-8 中的左栏中选择【Visual C++】，在中间栏选择【Win32 控制台应用程序】，在下面的名称输入框输入项目的名称，单击【浏览】按钮选择项目的存储位置。然后单击【确定】按钮进入，弹出如图 1-9 所示的界面。

在图 1-9 中单击【下一步】按钮，弹出如图 1-10 所示的窗口。

图 1-7 "文件"菜单中的"新建项目"

图 1-8 新建项目窗口

图 1-9　Win32 应用程序向导（1）

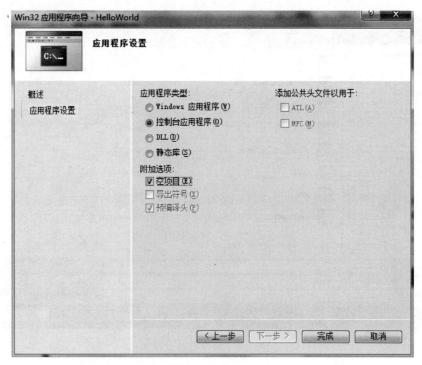

图 1-10　Win32 应用程序向导（2）

在图 1-10 中勾选"空项目"复选框,其他选项默认,然后单击【完成】按钮。这时 Visual C++会自动加载新建的项目,如图 1-11 所示。

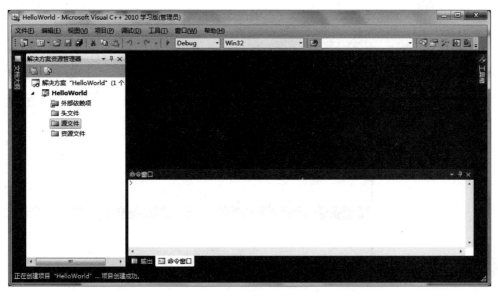

图 1-11 项目创建成功

3. 新建 C 语言源程序

在图 1-11 左侧的资源管理器中右击【源文件】,选择【添加】→【新建】,打开如图 1-12 所示的添加新项窗口,在该窗口左栏中单击【Visual C++】,在中间栏选择【C++ 文件】,在下面的名称输入框里填写 C 语言程序的名称(注意:不要忘记加上文件的后缀名.c),存储位置保持默认不变,单击【添加】按钮。

图 1-12 添加新项

这时 Visual C++会自动加载新建的.c 文件（初始文件是空白的），然后写入一个简单的
C 语言程序，如图 1-13 所示。

图 1-13　编辑程序

4. 调试运行

单击【启动调试 F5】（工具栏上 Debug 左边的绿色三角图标 ▶ 或菜单栏上的【调试】下
拉菜单中的【启动调试】）。C 语言程序的运行结果如图 1-14 所示。

图 1-14　程序运行结果

运行过程中遇到的问题及解决办法说明：

（1）若出现如图 1-15 所示的错误信息，解决办法：在菜单栏中执行【项目】→【属性】→
【配置属性】→【清单工具】→【输入和输出】→【嵌入清单】，原来是"是"，改成"否"命令。

（2）启动调试的时候，运行窗口会一闪而过。解决办法一：按 Ctrl＋F5 组合键调试运
行程序。解决办法二：在源程序后面添加 getchar()；或者在 main 函数结尾前写上 system

图 1-15　错误信息

("pause");。

如果退出 Visual C++环境后需要重新打开以前建立的文件 HelloWorld. c,则打开 Visual C++环境后通过执行【文件】→【打开】→【项目/解决方案】命令打开"HelloWorld. sln"。

本章小结

本章是学习后面各章的基础,学习程序设计的目的不只是学习一种特定的语言,而是学习进行程序设计的一般方法,也就是算法。掌握了算法就掌握了程序设计的灵魂,再根据算法使用有关计算机语言编写程序。

掌握 C 语言程序的运行环境,C 语言源程序是不能直接被执行的,要经过编译成目标程序,再连接生成可执行文件后才能运行。

习题

1. 根据自己的认识,写出 C 语言的主要特点。

2. C 语言的主要用途有哪些?

3. 写出一个 C 语言程序的构成。

4. 编写一个简单 C 语言程序,输出以下信息:

```
**************************
    Very   good!
**************************
```

5. 编写程序,输入 3 个整数,输出其中最大的数。

6. 什么是算法? 举例说明。

7. 算法有哪些基本特征?

8. 用 N-S 流程图表示 s＝1＋2＋3＋…＋100 的算法。

9. 什么是数据结构? 数据结构包含哪些要素? 举例说明。

第2章

数据描述与基本操作

数据是程序处理的主要对象,也是程序的必要组成部分。C语言提供了丰富的数据类型,也提供了丰富的运算符来处理这些数据。本章主要介绍C语言的基本数据类型、运算符和表达式,同时介绍实现数据输入输出的标准库函数的使用。

本章要点

➤ 掌握基本数据类型的描述。

➤ 掌握各类运算符及其表达式。

➤ 掌握应用输入输出函数实现基本类型数据的输入和输出。

2.1 C语言的数据类型

C语言规定,在程序中使用的每一个数据都属于唯一的一种数据类型,没有无类型的数据,一个数据也不可能同时属于多种数据类型。在C语言中数据类型有如下几种,如图2-1所示。

图2-1 C语言的数据类型

基本数据类型是最常用的数据类型,其值不可以再分解为其他类型。也就是说,基本数据类型是自我说明的。

构造数据类型:构造数据类型是根据已定义的一个或多个数据类型用构造的方法来定义的。一个构造类型的值可以分解成若干个"成员"或"元素"。每个"成员"都是一个基本数据类型或又是一个构造类型。

指针类型：指针是一种特殊的、具有重要作用的数据类型。其值用来表示某个变量在内存储器中的地址。虽然指针变量的取值类似于整型量,但这是两个类型完全不同的量,因此不能混为一谈。

空类型：在调用函数时,通常应向调用者返回一个函数值。这个返回的函数值是具有一定的数据类型的,应在函数定义及函数说明中给以说明。没有返回值时用 void 确定为空类型。

在本章中,主要介绍基本数据类型。其余类型在以后各章中陆续介绍。

2.2 常量与变量

程序设计过程中都要进行数据的存储,其中有变化的数据和不变化的数据,在程序运行过程中值不发生变化的数据称为常量,值发生变化的数据称为变量。

2.2.1 常量和变量

1. 常量

常量又称常数,是指在程序运行的过程中,其值不能被改变的量。常量分为普通常量和符号常量。

普通常量：即常数,有整型常量、浮点型常量、字符型常量、字符串常量。如 20、−10、123.456、'a'、"abc"等。

符号常量：用一个标识符代表一个常量,这样的标识符称为符号常量。如用 PI 代表3.1415926。注意：符号常量的值在其作用域内不能改变,也不能再被赋值。如在程序中,对 PI 重新赋值：PI＝2;,这样是不允许的。

【例 2-1】 符号常量的使用。

```
# define  PI  3.1415926              /* 定义符号常量 */
# include  < stdio.h>
void main()
{
    float r,s,m;
    scanf("% f",&r);
    s = 2 * PI * r;
    m = PI * r * r;
    printf("圆的周长 = % f,圆的面积 = % f\n",s,m);
}
```

程序中用"＃ define PI 3.1415926"来定义符号常量 PI,PI 值代表 3.1415926,以后在程序中出现的 PI 都代表 3.1415926,可以和普通常量一样进行运算,并且在程序运行过程中不可以改变 PI 值,因为 PI 在本程序中代表常量,常量是不能被赋值的。习惯上,符号常量名用大写,变量名用小写,以示区别。

使用符号常量的好处如下：

（1）含义清楚。如例 2-1 中，看程序时从 PI 就可以知道它代表圆周率。因此定义符号常量时应考虑"见名之意"的原则。

（2）在程序中改变符号常量的值时，用到的符号常量值都会随之改变，能做到"一改全改"。

例如：在例 2-1 中的"♯define　PI　3.1415926"改为"♯define　PI　3.14"，则在程序中所有用到的 PI 值均会改变为 3.14。

2. 变量

在程序运行的过程中，其值可以改变的量称为变量。一个变量应该有一个名字，在内存中占据一定的存储单元，在该存储单元中存放变量的值。在程序运行期间，这些值是可以改变的。变量名、变量类型、变量的值通常称为变量的三要素。

在 C 语言中用来标识变量名、符号常量名、函数名、数组名等数据对象名字的有效字符序列称为标识符，也就是说标识符就是一个名字。C 语言规定标识符只能由字母、数字和下画线 3 种字符组成，并且第一个字符必须是字母或下画线。

在 C 语言中，变量名区分大小写，如"aver"和"AVER"是不同的变量名。

下面是合法的标识符，都可以作为变量名：

sum,D56,r_1_2,name,_st_1

下面是不合法的标识符和变量名：

D. John,2day, $ 123, ♯33,a＞c

在 C 语言中，要求对所有用到的变量做强制定义，也就是"先定义，后使用"。这样做的目的如下：

（1）凡是未被事先定义的，系统不认为是合法变量名，在编译程序时就会出现错误提示，这样，保证变量名的正确应用。例如，在声明部分有语句：int sum；而在执行时语句中错误地写成 svm，在编译时就会检查出 svm 未经定义，不作为合法变量名。

（2）每一个变量被指定为一个确定类型，在编译时就能为其分配相应的存储单元。如指定 a、b 为 int 型，系统就会为变量 a、b 分配相应的存储空间，不同的编译系统分配存储空间占用内存的字节数不同。

（3）每一个变量在定义时确定了类型，在编译时就会根据类型检查运算是否合法。例如，进行求余运算时，要求参与运算的数据必须是整型。

2.2.2　整型数据

1. 整型常量的表示方法

整型常量即整常数，C 语言整型常数可用以下 3 种进制形式表示：

（1）十进制整数：以非 0 开始的数，如 123、-456 等。

（2）八进制整数：以 0 开头的数，如 0123、0456 等。

（3）十六进制整数：以 0X 或以 0x 开头的数，如 0x123、0x456、0XADF 等。

2. 整型变量的分类

整型变量共有如下 6 种：
- 有符号基本整型[signed] int；
- 有符号短整型[signed] short [int]；
- 有符号长整型[signed] long [int]；
- 无符号整型 unsigned int；
- 无符号短整型 unsigned short [int]；
- 无符号长整型 unsigned long [int]。

上面的方括表示其中的内容可以省略不写，如果不指定 unsigned 或指定 signed，则存储单元中最高位代表符号(0 为正，1 为负)。如果指定 unsigned，为无符号型变量，存储单元中全部二进制位(bit)用作存放数据本身，而不包括符号，因此无符号型变量只能存储不带符号的整数，如 245、4567 等，而不能存放负数，如 −234、−120 等。

整型变量的详细内容如表 2-1 所示。

表 2-1 整型变量的分类及存储空间

类 型 名	关 键 字	在标准 Tuber C 中存储		在 Visual C++ 中存储	
		字节数	取值范围	字节数	取值范围
基本整型	int	2	$-32768 \sim 32767$	4	$-2^{31} \sim 2^{31}-1$
短整型	short[int]	2	$-2^{15} \sim 2^{15}-1$	2	$-2^{15} \sim 2^{15}-1$
长整型	long[int]	4	$-2^{31} \sim 2^{31}-1$	4	$-2^{31} \sim 2^{31}-1$
无符号整型	unsigned int	2	$0 \sim 65535$	4	$0 \sim 2^{32}-1$
无符号短整型	unsigned short	2	$0 \sim 65535$	2	~ 65535
无符号长整型	unsigned long	4	$0 \sim 2^{32}-1$	4	$0 \sim 2^{32}-1$

另外，可在整型常数后添加一个 L 或 l 字母，表示该数为长整型数，例如，5L、0773L、0Xac4l；可在整型常数后添加一个 U 或 u 字母，表示该数为无符号数，例如，123U、123u。

3. 整型变量的定义

整型变量的定义格式为：

类型标识符 变量列表；

若定义多个同类型的变量，则用逗号分开。例如：

```
int a,b;                    /* 指定变量 a,b 为整型 */
unsigned c,d;              /* 指定变量 c,d 为无符号短整型 */
long e,f;                  /* 指定变量 e,f 为长整型 */
```

4. 整型数据的存储

不同的编译系统为整型数据存储分配的内存空间字节数是不同的，Visual C++中分配给整型数 4 个字节。实际上，数据在内存中以二进制形式存放，数值以补码形式表示。正数用二进制原码(补码与原码相同)表示,负数用二进制补码形式(二进制原码按位取反加 1)表示,即负数的补码是将该数的绝对值的二进制形式,按位取反再加 1。

例如,求−10 的补码的方法是:

正整数 10 的原码如图 2-2 所示(一个整数占 32 位,前 16 位数据均为 0,在此只表示后 16 位)。

| 0 | 0 | 0 | 0 | 0 | 0 | 0 | 0 | 0 | 0 | 0 | 0 | 1 | 0 | 1 | 0 |

图 2-2　正整数 10 在内存中的存放

(1) 取−10 的绝对值 10;

(2) 10 的绝对值的二进制形式为 1010;

(3) 对 1010 按位取反,结果为:1111111111110101(一个整数占 32 位,前 16 位数据均为 1);

(4) 再加 1 得 1111111111110110,如图 2-3 所示。

10的原码	0	0	0	0	0	0	0	0	0	0	0	0	1	0	1	0
取反	1	1	1	1	1	1	1	1	1	1	1	1	0	1	0	1
再加1	1	1	1	1	1	1	1	1	1	1	1	1	0	1	1	0

得−10的补码

图 2-3　求补码

在存放整数的存储单元中,最左面的一位表示符号的,该位为 0,表示数值为正;该位为 1,则表示数值为负。

5. 整型数据的输入

整型变量的值从键盘输入,是通过 scanf 函数实现的,scanf 函数是数据输入函数。其格式为:

scanf (格式控制字符串,地址表列);

例如:

```
int a,b;
scanf ("%d,%d",&a,&b);
```

(1) 格式控制是用双引号括起来的字符串,由"%"和格式字符组成,作用是将输入数据转换为指定的格式输入。

(2) 格式字符,对于不同的数据用不同的格式字符。%d 格式符是用来输入十进制整数;%o 格式符是用来输入八进制整数;%x 格式符是用来输入十六进制整数。例如:

```
int   x,y,z;
scanf("%d,%o,%x",&x,&y,&z);
```

实现向变量 x,y,z 分别输入十进制整数、八进制整数、十六进制整数。

(3) &a、&b 中的"&"是"地址运算符",&a 是指 a 在内存中的地址。上面 scanf 函数的作用是将 a、b 的值放到 a、b 在内存的地址单元中去。所以,在该问题中,若输入:1,2↙,则将

1和2分别存入a和b的内存单元中。

6. 整型数据的输出

整型数据的输出用 printf 函数来实现。例如：

```
int x = 5;
printf(" % d",x);
```

printf 函数的格式为：

printf(格式控制字符串,输出表列);

(1) 格式控制字符串和输入函数 scanf 的格式控制字符串基本一致。

(2) 输出表列是需要输出的数据或表达式。

(3) 在输出整型数据时,格式字符如下：

① %d,按整型数据的实际长度输出。

② %md,m 为输出字段的宽度,如果输出数据的位数小于 m,则左端补以空格,若大于 m,则按实际位数输出。例如：

```
printf (" % 4d, % 4d",a,b);
```

若 a＝123,d＝12345,则输出结果为：

␣123,12345(注：␣表示空格字符,下同)

③ %ld,输出长整型数据。例如：

```
long   a = 345678;
printf (" % 8ld",a);
```

输出结果为：

␣␣345678

一个整型数可以用%ld 或%d 格式输入或输出。

④ %u,输出 unsigned 型数据,即无符号类型,如 unsigned x；那么 x 在输出的时候,应该用 u 格式控制符,那么输出时应使用语句：

```
printf (" % u",x);
```

⑤ %o,以八进制形式输出无符号整数。

⑥ %x,以十六进制形式输出无符号整数。

【例 2-2】 整型数据与长整型数据的应用。

```
# include < stdio. h >
void   main()
{
    int x,y,z,s;                        /* 定义 x,y,z,s 为整型数 */
    scanf(" % d % o % x",&x,&y,&z);    /* 输入 x,y,z */
    s = x + y + z;                      /* 求 x,y,z 之和 */
    printf("x = % d,y = % d,z = % d\n",x,y,z);  /* 以十进制形式输出 x,y,z */
```

```
        printf("sum: %d, %o, %x\n",s,s,s);              /* 以不同进制形式输出 s */
}
```

运行时输入：

123 123 123↙

输出结果为：

x = 123, y = 83, z = 291
sum:497,761,1f1

程序说明：

语句 scanf("%d%o%x",&x,&y,&z); 的功能是从键盘输入 3 个整数，分别以十进制、八进制、十六进制形式接收整数并存入变量 x、y、z 对应的存储单元中，程序运行时输入的 3 个整数都是 123，但变量 x、y、z 的存储单元中的数值是不同的。

语句 printf("sum：%d,%o,%x\n",s,s,s); 的功能是以不同进制形式输出同一变量 s 的值。

值得注意的是，在输入数据时各数据之间用空格分隔，而不能用逗号分隔。但如果将输入语句改为下面形式：

scanf("%d,%o,%x",&x,&y,&z);

在输入数据时各数据之间必须用逗号分隔，而不能用空格分隔。

2.2.3 浮点型数据

1. 浮点型常量

在 C 语言中，浮点型数有以下两种表示形式：

（1）十进制数形式：由数字和小数点组成（注意必须有小数点）。如 3.14，0.123，123.0，0.0，−2.678，…

（2）指数形式：如 1.25e6 或 1.25E6 都代表 1.25×10^6。注意字母 e(或 E)之前必须有数字，且 e(或 E)后面数据必须为整数。如 0.0E0、6.226e-4、−6.226E-4、1.267E20 都是合法的指数表示形式，E3、8.9e1.2、.e3、e 都不是合法的指数形式。

2. 浮点型变量

1）浮点型变量的分类

浮点型变量分为单精度（float 型）、双精度（double 型）和长双精度（long double 型）3类。浮点型数据的存储如表 2-2 所示。

表 2-2   浮点型数据的存储空间及数值范围

类 型	字 节 数	有 效 位	数 值 范 围
float	4	7～8	$-3.4 \times 10^{-34} \sim 3.4 \times 10^{34}$
double	8	15～16	$-1.7 \times 10^{-308} \sim 1.7 \times 10^{-308}$
long double	16	18～19	$-1.2 \times 10^{-4932} \sim 1.2 \times 10^{4932}$

　　ANSI C 并未具体规定每种数据类型的长度、精度和取值范围。有的系统将 double 型所增加的 32 位全用于存放小数部分,这样可以增加数值的有效位数,减少舍入误差。有的系统则将所增加的位(bit)的一部分用于存放指数部分,这样可以扩大指数范围。数据的存储在不同的 C 语言版本中存储时会有一些差异。表 2-2 所示的是在 Tuber C 和 Visual C++中的存储形式。每个浮点型数据在使用时都要加以定义。例如:

```
float x,y;              /* 定义 x、y 为单精度型变量,存储单精度浮点型数据 */
double z;               /* 指定 z 为双精度浮点型变量,存储双精度浮点型数据 */
long double a,b;        /* 指定 a、b 为长双精度浮点型变量,存储双精度浮点型数据 */
```

long double 型数据用的很少,因此不做详细介绍。

2) 浮点型数据的存储

　　与整型数的存储方式不同,浮点型数据是按照指数形式存储的。系统把一个浮点型数据分成小数部分和指数部分,分别存放。指数部分采用规范化的指数形式。如实数 3.1415926 在内存中的存放形式可以用图 2-4 表示。

图 2-4　浮点数 3.1415926 在内存中的存放形式

3) 浮点型数据的输入和输出

(1) 浮点型数据的输入

　　浮点型数据的输入也用 scanf 函数实现的,格式符使用的是 f 字符,以小数的形式输入数据,也可以使用 e 字符,以指数的形式输入数据。单精度浮点型数据用%f 格式输入,双精度浮点型数据用%lf 格式输入。

　　例如:

```
float x;
double y;
scanf("%f,%lf",&x,&y);
```

(2) 浮点型数据的输出

　　浮点型数据的输出用 printf 函数实现,格式符使用 f 字符,以小数形式或指数形式输出数据。有以下几种格式:

　　① %f:不指定字段宽度,整数部分全部输出,并输出 6 位小数,有效位为 7 或 8 位。

　　② %m.nf:指定输出数据共占 m 列,其中有 n 位小数。如果数值长度小于 m,则左端补空格。

　　③ %-m.nf:指定输出数据共占 m 列,其中有 n 位小数。如果数值长度小于 m,则右端补空格。

　　④ 若是双精度型变量输出时应用%lf 格式控制,有效位为 15 或 16 位。

　　如"double f;"输出时应使用语句:"printf ("%lf",f);"。

　　⑤ %e:以指数形式输出小数

【例 2-3】　浮点型数据的定义与使用。

```
#include<stdio.h>
void   main()
{
    float x;
```

```
    double y;
    x = 123.456789;
    y = 123.456789;
    printf("x = % f, y = % lf \n",x,y);
    printf("x = % .2f, y = % .2lf \n",x,y);
    printf("x = % 10.2f, y = % 10.2lf \n",x,y);
    printf("x = % - 10.2f, y = % - 15.2lf \n",x,y);
}
```

程序运行结果：

```
x = 123.456787, y = 123.456789
x = 123.46, y = 123.46
x =      123.46, y =      123.46
x = 123.46      , y = 123.46
```

另外，许多 C 编译系统将浮点型常量作为双精度来处理。例如 123.45 在内存中按双精度数据存储（占 64 位）；如果在数的后面加字母 f 或 F（如 123.45f,123.45F），这样编译系统就会按照单精度（32 位）处理。

2.2.4　字符型数据

1. 字符型常量

C 语言的字符型常量是用一对单引号括起来的单个字符。例如：'a'、'b'、'A'、'B'、'?'、'$ ' 等都是字符型常量。

除了这样的字符型常量外，C 语言还允许用一种特殊形式的字符型常量，就是以一个'\' 开头的字符序列。例如，前面已经用到，在 printf 函数中的 '\n' ，它表示一个"换行"符。常用的转义字符及含义如表 2-3 所示。

表 2-3　常用的转义字符及含义

转义字符	转义字符的意义	转义字符	转义字符的意义
\n	回车换行	\\	反斜线符"\"
\t	横向跳到下一制表位置	\'	单引号符
\v	竖向跳格	\a	鸣铃
\b	退格	\ddd	1～3 位八进制数所代表的字符
\r	回车	\xhh	1～2 位十六进制数所代表的字符
\f	走纸换页		

表 2-3 中倒数第 2 行是用 ASCII 码（八进制数）表示一个字符，例如 '\101' 代表 ASCII 码（十进制数）为 65 的字符 'A'；表 2-3 中最后 1 行是用 ASCII 码（十六进制数）表示一个字符，例如 '\x41' 代表 ASCII 码（十进制数）为 65 的字符 'A'。

【例 2-4】　字符型常量的输出。

```
# include < stdio. h>
void  main()
{
```

```
    printf ("ab c\nde");
}
```

程序运行结果：

ab c
de

2．字符型变量

字符型变量定义形式如下：

char 变量列表；

如定义两个字符型变量 c1 和 c2：

char c1,c2;

它表示 c1 和 c2 为字符型变量，各可以表示一个字符。可以用下面的语句对 c1、c2赋值：

c1 = 'a'; c2 = 'b';

一个字符变量在内存中占一个字节空间，用来存储一个字符型数据或在－128～127 范围内的一个整数。

3．字符型数据的存储形式

字符在内存中存储的不是字符本身，而是它的 ASCII 码，例如字符'a'的 ASCII 码为97，'b'的 ASCII 码为98。字符的存储形式与整数的存储形式类似。因此 C 语言中字符型数据和整型数据是通用的，它们既可以用字符形式输出（用％c），也可以用整数形式输出（用％d），见图 2-5。应该注意字符数据只占一个字节，其 ASCII 码取值范围是 0～255，但字符型数据如果以整数形式输出时，认为最高位是符号位，它只能存放－128～127 范围内的整数。

图 2-5　字符的存储形式

4．字符型数据的输入与输出

前面学习了用格式输入输出函数实现整型、浮点型数据的输入与输出，分别用％d与％f完成，字符型数据也可以利用 scanf 函数输入，利用 printf 函数输出，采用格式符％c。
例如：

char str1,str2;

```
scanf("%c%c",&str1,&str2);
printf("%c,%c\n",str1,str2);
```

【例2-5】　观察如下程序输出结果，理解%c与%d的区别。

```
#include <stdio.h>
void  main()
{
    char a1,a2;
    a1 = 97;a2 = 98;
    printf ("%c %c\n",a1,a2);
    printf ("%d %d\n",a1,a2);
}
```

程序运行结果：

```
a b
97 98
```

【例2-6】　大小写字母的转换。

分析：字符存储是存储字符的 ASCII 码值，大小写字符的 ASCII 码值相差 32，小写字符比大写字符 ASCII 码值大 32，所以在程序中可以利用此特点来转换。

```
#include <stdio.h>
void  main()
{
    char a1,a2;
    a1 = 'a'; a2 = 'b';
    a1 = a1 − 32; a2 = a2 − 32;
    printf ("%c %c\n",a1,a2);
}
```

程序运行结果：

```
A B
```

说明：程序的作用是将两个小写字母'a'和'b'转换成大写字母'A'和'B'。'a'的 ASCII 码为 97，而'A'为 65，'b'为 98，'B'为 66。从 ASCII 码表中可以看到每一个小写字母比它相应的大写字母的 ASCII 码大 32。

注意：在用"%c"格式输入字符时，空格将以有效字符输入：

```
scanf ("%c%c%c",&c1,&c2,&c3);
```

若输入　a␣b␣c↙

则将字符'a'送给 c1，字符空格'␣'送给 c2，因为空格也是一个有效字符，字符'b'送给 c3。%c 只需要读入一个字符，用了空格做间隔，所以会出现这样的问题。

5. 字符串常量

字符串常量是用双引号括起来的若干个字符序列。如："How do you do"、"CHINA"、"house"、"a"等都是字符串常量。

可以输出一个字符串,如 printf ("How do you do. ");

注意:不要将字符常量与字符串常量混淆。'a'是字符常量,"a"是字符串常量,二者不同。

C 语言规定:在每个字符串的结尾加一个"字符串结束标志"以便系统据此判断字符串是否结束。以 '\0'作为字符串结束标志。'\0'是 ASCII 码为 0 的字符,从 ASCII 码表中可以看到 ASCII 码为 0 的字符是"空操作字符",不引起任何操作。

2.2.5 变量的初始化

变量的初始化,就是在定义变量的同时给变量赋予初值。可以采用说明变量的类型,然后再赋值的方法,也可以在对变量类型说明的同时给变量赋初值。

1. 先定义后赋值

```
int a,b,c;
a = 10;
b = 20;
c = 30;
```

2. 定义和赋值同时进行

```
int a = 10;
short b = 20;
char c = 'v';
float d = 8.8;
```

3. 对几个变量同时赋一个初值

```
int a1 = 10, a2 = 10, a3 = 10;
```

不可以写成:

```
int a1 = a2 = a3 = 10;
```

但是可以写成:

```
int  a1,a2,a3;
a1 = a2 = a3 = 10;
```

变量的初始化不是在编译阶段完成的,而是在程序运行时执行本函数时赋以初值的。相当于一个赋值语句。例如:

```
int a = 10;
```

相当于:

```
int a;
a = 10;
```

又如：

```
int a,b,c = 20;
```

相当于：

```
int a,b,c;
c = 20;
```

2.3　运算符与表达式

C语言提供了丰富的运算符，有算术运算符、字符运算符、关系运算符和逻辑运算符等各种运算符。

2.3.1　算术运算符和表达式

1. 基本的算术运算符

＋	（加法运算符或正值运算符）
—	（减法运算符或负值运算符）
*	（乘法运算符）
/	（除法运算符）
％	（模运算符或求余运算符）

注意：

（1）两个整数相除结果为整数。但是如果相除的两个数中，至少有一个为浮点型数，则结果为带小数的商。

（2）％模运算符，要求参与运算的两个数必须为整型（或字符型）数据，如 $7 \% 4$ 的值为 3。而 $7.0 \% 4$ 是非法的。

【例 2-7】　关于运算符"/、％"的应用，观察下面程序的运行结果。

```c
# include < stdio.h>
void  main()
{
    int a,b,c;
    float sum,x;
    a = 15;b = 6;
    sum = a/b;
    printf ("% f \n",sum);
    c = a % b;
    printf ("% d \n",c);
    x = 15.0/6.0;
    printf ("% f \n",x);
}
```

程序运行结果：

```
2.000000
3
2.500000
```

2. 算术表达式

用算术运算符和括号将操作数连接起来的,符合 C 语法规则的式子,称为算术表达式。在表达式求值时,按运算符的优先级别的高低次序执行。另外,不同类型的数据可以进行各种算术运算,只是进行运算前,要先进行数据类型转换,即精度低的数据类型向精度高的数据类型转换,转换成同一类型后进行运算。例如:

```
5 + 'A' + 8.56 - 2.5 * 'b'
```

是合法的表达式,在进行运算时,不同类型的数据要先转换成同一类型,然后进行运算。以上表达式的运算结果为 double 型。

3. 强制类型转换

可以用强制类型转换运算符将一个表达式的值转换成所需类型后进行各项运算。例如:

```
(double)a          /* 将 a 的值转换成 double 类型后参与运算,a 的类型不变 */
(int)(x + y)       /* 将 x + y 的值转换成整型,x + y 的类型不变 */
(float)(5 % 3)     /* 将 5 % 3 的值转换成 float 型 */
```

一般形式为:

(类型名)(表达式)

注意:

(1) 类型名和表达式应用括号括起来,如(int)(x+y)。如果写成(int)x+y,是对 x 的值转换为整型,而不是对 x+y 的值转换。

(2) 在强制类型转换时,得到一个所需类型的中间变量,原来变量的类型未发生变化。例如已知 float x;,对于(int)x,x 仍然是 float 类型,而整个表达式(int)x 为整型。

2.3.2　赋值运算符和赋值表达式

1. 赋值符号

赋值符号"="就是赋值运算符,将一个数据赋给一个变量。例如:x=8。

2. 类型转换

如果赋值运算符两侧的类型不一致,要进行类型转换。

(1) 将浮点型数据赋给整型变量时,舍弃实数的小数部分。如 i 为整型变量,执行"i=3.56"的结果是使 i 的值为 3。

(2) 将整型数据赋给浮点型变量时,数值不变,但以浮点数形式存储到变量中。

3. 复合的赋值运算符

常用的复合赋值运算符有以下几种：

+=, -=, * =, / =, % =

例如：

```
a+ = 3              等价于  a=a+3
x * = y+8           等价于  x=x*(y+8)
x% = 3              等价于  x=x%3
```

4. 赋值表达式

由赋值运算符将一个变量和一个表达式连接起来的式子称为"赋值表达式"。赋值运算符的优先级别比算术运算符低，结合性（运算符的结合方向）为"自右向左"。

例如：

```
a=b=c=5            /*赋值表达式值为5,a、b、c值均为5*/
a=5+(c=6)          /*表达式值为11,a值为11,c的值为6*/
a=(b=4)+(c=6)      /*表达式值为10,a值为10,b等于4,c等于6*/
```

5. 自增、自减运算符

运算符：++ --

作用：其操作数必须为简单变量，使操作数的自身增 1 或减 1 运算。可以置于操作数前面，也可以放在后面。

```
n++                /*表示先取 n 的值,再计算 n+1 的值赋值给 n*/
++n                /*表示先计算 n+1 的值赋值给 n,再取 n 的值*/
n--                /*表示先取 n 的值,再计算 n-1 的值赋值给 n*/
--n                /*表示先计算 n-1 的值赋值给 n,再取 n 的值*/
```

说明：

（1）++、--运算符的对象只能是简单变量，不能是常量或带有运算符的表达式。如 5++，5--或++(a=5)都是错误的。

（2）++、--运算符的结合方向为"从右至左"。例如：--n++相当于--(n++)。

（3）使用++、--运算符可以提高程序的执行效率、速度快。因为++n运算只需要一条机器指令就可以完成，而 n=n+1 则要对应三条机器指令。

（4）当 n 为基本数据类型的变量时，++或--表示加 1 或减 1，但当 n 为指针变量或数组下标变量时，其加 1 与减 1 的概念与单纯地加 1 与减 1 是不一样的，这一概念在后续章节介绍。

【例 2-8】 ++运算符应用举例。

```
# include < stdio. h >
void  main()
{
```

```
    int a ,b, post, pre;
    a = 5;b = 6;
    a = a++;b =++b;
    printf ("%d %d\n",a,b);
    post = a++;
    pre =++b;
    printf ("%d %d\n",post,pre);
}
```

程序运行结果：

```
6  7
6  8
```

程序说明：

对于 post ＝a++；这个语句，post 得到 a 自增前的值，因为 a++的值为 6。也就是说，这个语句执行完后，post 的值是 6，而 a 的值变成 7。而 pre ＝++b；这个语句，pre 得到 b 自增后的值，因为++b 的值为 8。也就是说，这个语句执行完后，pre 的值是 8，b 的值也是 8。a＝a++与 b＝++b 同样道理。

总之，无论前置还是后置，++都会使其操作数的值增 1。不同的是，++前置时，自增表达式（如++b）的值等于其操作数自增后的值；++后置时，自增表达式（如 a++）的值等于其操作数自增前的值。

【例 2-9】　关于运算符"++、--"出现在变量名前后的区别，观察下面程序的运行结果。

```
# include < stdio. h>
void   main()
{
    int i = 8;
    printf("%d  ",++i);
    printf("%d  ", -- i);
    printf("%d  ",i++);
    printf("%d  ",i-- );
    printf("%d  ", - i++);
    printf("%d\n", - i-- );
}
```

程序运行结果：

```
9  8  8  9  -8  -9
```

自减运算符和自增运算符非常相似，区别只在于自减运算符使操作数减 1，而自增运算符使操作数增 1。例如：

```
int n = 5, post = 1, pre = 1;
pre = -- n + pre;              /* 运算结束后 pre 为 5 */
n = 5;
post = n-- + post;            /* 运算结束后 post 为 6 */
```

自增运算符和自减运算符的优先级比"＋、－、＊、/"的优先级要高。因此，n＊m++；表示 n＊(m++)；，而不是(n＊m)++；。而且(n＊m)++；是错误的。因为++和--的操作数只能是可变的值,而 n ＊ m 不是。

注意：不要把优先级和运算顺序混淆了。例如：

```
int x = 1, y = 2,z;
z = (x + y++) * 3;              /* 运算结束后 z 为 9,y 为 3 */
```

用数字代替上面的语句得：

```
z = (1 + 2) * 3;
```

优先级表明的是++作用于 y,而不是(x+y),但它决定不了 y 的值何时增 1。我们可以肯定的是,在整个语句执行完毕后,y 的值肯定增加了。但是,不知道该语句执行中的什么时候,y 的值会增 1,这是由编译器决定的。

2.3.3　关系运算符与关系表达式

1. 关系运算符及其优先次序

C 语言提供 6 种关系运算符：
(1) <　　　　　（小于）
(2) <=　　　　（小于或等于）
(3) >　　　　　（大于）
(4) >=　　　　（大于或等于）
(5) ==　　　　（等于）
(6) !=　　　　（不等于）
关于优先次序：

(1) 前 4 种关系运算符("<","<=",">",">=")的优先级别相同,后两种也相同。前 4 种高于后 2 种。例如,">"优先于"=="。而">"与"<"优先级相同。

(2) 关系运算符与算术运算符、赋值运算符的优先级关系如下：

算术运算符(高)→关系运算符(中)→赋值运算符(低)

例如：

a > b + c　　　　等效于 a>(b + c)
a == b < c　　　等效于 a == (b < c)
a = b >= c　　　等效于 a = (b >= c)

(3) 关系运算符的结合方向是"自左向右"。

注意："等于"关系的运算符(==)和"不等于"关系的运算符(!=)与数学中的表示方法不同。例如,欲判断 x 是否等于 0,若写成：x=0,则表示把 0 赋值给变量 x,正确的写法为：x==0。

2. 关系表达式

用关系运算符将两个表达式(算术表达式、关系表达式、逻辑表达式、赋值表达式、字符表达式等)连接起来的式子,称为关系表达式。

例如 x > y、a＋b < 18、'a'<'b'都是合法的关系表达式。

关系表达式的值是一个逻辑值,即"真"或"假"。在 C 语言中,常用"1"表示真,用"0"表示假。例如,a=10,b=5,则:

(1) 关系表达式 a>b 的值为"真",表达式的值为 1。

(2) 关系表达式 a==b 的值为"假",表达式的值为 0。

可以将关系表达式的运算结果(0 或 1)赋给一个整型变量或字符型变量,如 a=4,b=1,下面的赋值语句是将 1 赋给变量 c,将 0 赋值给 d。

```
c=a>b        c 的值为 1
d=a>b>c      d 的值为 0(遵循右结合性,先执行"a>b",再执行关系运算"1>c",得值 0,赋给 d)
```

2.3.4 逻辑运算符与逻辑表达式

用逻辑运算符将关系表达式或逻辑量连接起来的式子就是逻辑表达式。

1. 逻辑运算符

C 语言提供了 3 种逻辑运算符:"!"(逻辑非),"&&"(逻辑与),"||"(逻辑或)。各运算符含义如表 2-4 所示。

表 2-4 逻辑运算符含义表

运 算 符	含 义	学 名	结 合 律
&&	并且	逻辑与	从左到右
||	或者	逻辑或	从左到右
!	非	逻辑非	从右到左

其中"&&"和"||"为双目(元)运算符,要求有两个操作数(即运算量),如(a<b)&&(x<=y),(a<b)||(x<=y)。"!"是单目(元)运算符,只需一个操作数,如!a 或!(a<b)。

2. 逻辑运算符的优先次序

(1) 逻辑运算符的优先次序如下:

!(非)→&&(与)→||(或),即"!"为三者中优先级最高的。

(2) 逻辑运算符中的"&&"和"||"低于关系运算符,"!"高于算术运算符。例如:

```
(a>=b)&&(x>y)可写成: a>=b&&x>y
(a==b)||(x==y)可写成: a==b||x==y
```

(3) 逻辑运算的结合方向是"自左向右"。

3. 逻辑表达式的值

逻辑表达式的值是一个逻辑量"真"或"假"。当逻辑表达式成立时为"真",不成立时为"假"。C 语言编译系统中用"1"代表"真",用"0"代表"假",但在判断一个量是否为"真"时,以非 0 代表"真",即将一个非 0 的数值认为是"真",以 0 代表"假"。

其求值规则如下:

(1) 与运算(&&),参与运算的两个量都为真时,结果才为真,否则为假。例如,5>0

&&4＞2，由于5＞0为真，4＞2也为真，相与的结果也为真。

（2）或运算(||)，参与运算的两个量只要有一个为真，结果就为真。两个量都为假时，结果为假。例如：5＞0||5＞8，由于5＞0为真，相或的结果也就为真。

（3）非运算(!)，参与运算量为真时，结果为假；参与运算量为假时，结果为真。例如：!(5＞0)的结果为假。

C语言编译系统中的逻辑表达式的值为"1"或"0"，以"1"代表"真"，"0"代表"假"。反过来在判断一个量是为"真"还是为"假"时，以"0"代表"假"，以非"0"的数值表示"真"。例如：由于5和3均为非"0"，因此5&&3的值为"真"，即为1。又如：5||0的值为"真"，即为1。

注意：

（1）参与逻辑运算的量不但可以是0和1，或者是0和非0的整数，也可以是任何类型的数据，如字符型、浮点型或指针型。

（2）如果在一个表达式中不同位置上出现数值，应区分哪些是作为数值运算或关系运算的对象，哪些作为逻辑运算的对象。

（3）在逻辑表达式的求解中，并不是所有逻辑运算符都需要执行，有时只需执行一部分运算符就可以得到逻辑表达式的最后结果。例如：

① x&&y&&z只有x为真时，才需要判断y的值；只要x为假，就立即得出整个表达式为假。

② x||y||z只要x为真(非0)，就不必判断y和x；当x为假，才判断y；x和y都为假才判断z。

2.3.5　逗号运算符和逗号表达式

逗号运算符将两个表达式连接起来，形成逗号表达式。逗号运算符是所有运算符中优先级最低的运算符。格式如下：

表达式1,表达式2,表达式3

功能：依次求解表达式1、表达式2、表达式3，整个逗号表达式的值是表达式3的值。例如：

int a,b,c;

赋值语句c＝(a＝100,b＝200,a＋b)；是将逗号表达式：a＝100,b＝200,a＋b的值300赋值给变量c。

2.3.6　位运算

前面介绍的各种运算都是以字节作为最基本位进行的。但在很多系统程序中常要求在位(bit)一级进行运算或处理。C语言提供了位运算的功能，这使得C语言也能像汇编语言一样用来编写系统程序。

C语言提供了6种位运算符：

&	按位与
		按位或

^	按位异或
～	取反
<<	左移
>>	右移

1. 按位与运算符

按位与运算符"&"是双目运算符。其功能是参与运算的两数各对应的二进制位进行"与"运算。只有当对应的两个二进制位均为 1 时,结果才为 1,否则为 0。参与运算的数以补码形式出现。

例如:10&20 可写算式如下:

```
    00001010        (10 的二进制补码)
&   00010100        (20 的二进制补码)
    00000000        (0 的二进制补码)
```

可见 10 & 20＝0。

按位与运算通常用来对某些位清 0 或保留某些位。例如把 a 的高 8 位清 0,保留低 8 位,可作 a&255 运算(255 的二进制数为 0000000011111111)。

例如:

```
int a = 10,b = 20,c;
c = a&b;
printf("a = % d\nb = % d\nc = % d\n",a,b,c);
```

结果为:

```
a = 10
b = 20
c = 0
```

2. 按位或运算符

按位或运算符"|"是双目运算符,其功能是参与运算的两数各对应的二进制位进行"或"运算。只要对应的两个二进制位有一个为 1,结果位就为 1。参与运算的两个数均以补码形式出现。

例如:10|20 可写算式如下:

```
    00001010
|   00010100
    00011110                (十进制为 30)
```

可见 10|20＝30。

例如:

```
int a = 10,b = 20,c;
c = a|b;
printf("a = % d\nb = % d\nc = % d\n",a,b,c);
```

结果为：

a = 10
b = 20
c = 30

3. 按位异或运算符

按位异或运算符"^"是双目运算符。其功能是参与运算的两数各对应的二进制位进行"异或"运算，当两对应的二进制位相异时，结果为1。参与的数仍以补码形式出现，例如9^5可写成算式如下：

```
      00001001
 ^    00000101
      00001100      （十进制为 12）
```

例如：

```
int a = 9;
a = a^5;
printf("a = % d\n",a);
```

结果为：

a = 12

4. 求反运算符

求反运算符"～"为单目运算符，具有右结合性。其功能是对参与运算的数的各二进制位按位求反。

例如～9 的运算为：

～(0000000000001001)

结果为：

1111111111110110

5. 左移运算符

左移运算符"<<"是双目运算符。其功能是把"<<"左边的运算数的各二进制位全部左移若干位，由"<<"右边的数指定移动的位数，高位丢弃，低位补 0。

例如：

a << 4

指把 a 的各二进制位向左移动 4 位。如 a = 00000011（十进制 3），左移 4 位后为00110000（十进制 48）。

6. 右移运算符

右移运算符">>"是双目运算符。其功能是把">>"左边的运算数的各二进制位全部右移若干位,">>"右边的数指定移动的位数。

例如:

a = 15,a >> 2 表示把 000001111 右移为 00000011(十进制 3)。

应该说明的是,对于有符号数,在右移时,符号位将随同移动。当为正数时,最高位补 0,而为负数时,符号位为 1,最高位是补 0 或是补 1 取决于编译系统的规定。Visual C++ 和很多系统规定为补 1。

【例 2-10】　位运算应用。

```
# include < stdio. h >
void   main()
{
    unsigned a,b;
    printf("input a number:");
    scanf(" % d",&a);
    b = a >> 5;
    b = b&15;
    printf("a = % d\tb = % d\n",a,b);
}
```

运行时输入 12,则运行结果:

a = 12　b = 0

【例 2-11】　位运算应用。

```
# include < stdio. h >
void   main()
{
    char a = 'a',b = 'b';
    int p,c,d;
    p = a;
    p = (p << 8)|b;
    d = p&0xff;
    c = (p&0xff00)>> 8;
    printf("a = % d\nb = % d\nc = % d\nd = % d\n",a,b,c,d);
}
```

运行结果:

a = 97
b = 98
c = 97
d = 98

2.4　输入和输出函数

数据输入与输出是高级语言程序设计必须具有的功能,C 语言系统中提供了多种标准库函数实现数据的输入和输出。本节只介绍专门用于字符型数据的输入输出函数和格式输入输出函数。

2.4.1　字符型数据的输入和输出

字符型输入输出函数专门用于字符型数据的输入与输出，每次只能输入或输出一个字符。

1. getchar 函数（键盘输入函数）

getchar 函数的功能是从键盘上接收一个字符，即所按键的键面字符作为接收对象，其一般形式为：

```
getchar();
```

通常把输入的字符赋予一个字符变量，构成赋值语句，例如：

```
char c;
c = getchar();
```

【例 2-12】 getchar 函数的应用。

```
# include < stdio. h >
void   main()
{
    char c;
    c = getchar();
    putchar(c);
}
```

运行情况：在运行时，如果从键盘输入字符'a'

```
a↙        /*输入'a'后，按 Enter 键*/
a         /*输出变量 c 的值'a'*/
```

使用 getchar 函数应注意如下问题：

（1）getchar 函数只能接收单个字符，输入数字也按字符处理。当输入的字符多于一个字符时，只接收第一个字符。

（2）使用本函数前必须包含头文件"stdio. h"。

2. putchar 函数（字符输出函数）

putchar 函数是字符输出函数，其功能是在显示器上输出单个字符。

其一般形式为：

```
putchar(字符变量);
```

例如：

```
putchar('A');              /* 输出大写字母 A */
putchar(x);                /* 输出字符变量 x 的值 */
putchar('\101');           /* '\101'的 ASCII 码为 65,也是输出字符 A */
```

```
putchar('\n');                 /* 换行 */
```

对控制字符则执行控制功能,不在屏幕上显示。

【例 2-13】 输出单个字符。

```
# include  <stdio.h>
void  main()
{
    char a = 'B',b = 'o',c = 'k';
    putchar(a);putchar(b);putchar(b);putchar(c);putchar('\t');
    putchar(a);putchar(b);
    putchar('\n');
    putchar(b);putchar(c);
}
```

运行结果:

```
Book   Bo
ok
```

2.4.2　格式输入与输出函数

在前面的例子中曾多次用到格式输入函数 scanf 和格式输出函数 printf,这里再做较详细的介绍。

1. scanf 函数(格式输入函数)

scanf 函数是一个标准库函数,它的函数原型在头文件"stdio.h"中,scanf 函数称为格式输入函数,其关键字最末一个字母 f 即为"格式"(format)之意。其功能是按用户指定的格式从键盘上接收数据并存入指定变量所占内存空间中。

(1) scanf 函数的一般形式如下:

scanf("格式控制字符串",地址表列);

例如有下面变量定义:

```
int a,b;
float x,y;
```

现要实现对变量 a、b、x、y 的数据输入,用函数 scanf 应有如下语句形式:

```
scanf("%d,%d,%f,%f",&a,&b,&x,&y);
```

其中,格式控制字符串的规定了输入数据的类型和接收方式,以"%"开始,以一个字符结束,表 2-5 列出了函数 scanf 格式符和意义。地址表列中给出各变量的地址,地址是由地址运算符"&"后跟变量名组成的。&a、&b、&x、&y 分别表示变量 a、b、x、y 的地址。

在 C 语言中,使用了地址这个概念,这是与其他语言不同的。应该把变量的值和变量的地址这两个不同的概念区别开来。变量的地址是 C 编译系统分配的,是变量所占内存空间"位置"的起始值,用户不必关心具体的地址是多少。变量的地址和变量值的关系如下,在赋值表达式中给变量赋值,如：a=567。则 a 为变量名,567 是变量的值,表达式 &a 是变量 a 的地址。但在赋值号左边是变量名,不能写地址,而 scanf 函数在本质上也是给变量赋值,但要求写变量的地址,这两者在形式上是不同的。& 是一个取地址运算符,&a 是一个表达式,&a 的值是变量 a 的地址。

（2）格式字符串的一般形式如下：

%[*][输入数据宽度][长度]类型

其中有方括号[]的项为任选项。各项的意义如下：

① 类型：表示输入数据的类型,其格式符和意义如表 2-5 所示。

表 2-5　格式及意义

格　式	字 符 意 义	格　式	字 符 意 义
d	输入十进制整数	f 或 e	输入浮点型数（用小数形式或指数形式）
o	输入八进制整数		
x	输入十六进制整数	c	输入单个字符
u	输入无符号十进制整数	s	输入字符串

② "*"符：用以表示该输入项,读入后不赋予相应的变量,即跳过该输入值。如：

scanf("%d%*d%d",&a,&b);

当输入为：1 2 3 时,把 1 赋予 a,2 被跳过,3 赋予 b。

③ 宽度：用十进制整数指定输入的宽度（即字符数）。例如：

scanf("%5d",&a);

输入：12345678,只把 12345 赋予变量 a,其余部分被截去。又如：

scanf("%4d%4d",&a,&b);

输入：12345678,则变量 a 得到 1234,变量 b 得到 5678；如输入 123456,则变量 a 得到 1234,变量 b 得到 56。

④ 长度：长度格式符为 l 和 h。l 表示输入长整型数据（如%ld）和双精度浮点数（如%lf）；h 表示输入短整型数据。

（3）使用 scanf 函数应注意的问题。

① scanf 函数中没有精度控制,如：scanf("%5.2f",&a);是非法的。不能企图用此语句限制输入小数为 2 位的浮点数。

② scanf 中要求给出变量地址,如给出变量名则会出错。如 scanf("%d",a);是非法的,应改为 scanf("%d",&a);才是合法的。

③ 在输入多个数值数据时,若格式控制串中没有非格式字符作输入数据之间的间隔,

则可用空格、TAB 或回车作间隔。C 编译在碰到空格、TAB、回车或非法数据（如对"%d"输入"12A"时,A 即为非法数据)时,即认为该数据结束。

④ 在输入字符数据时,若格式控制串中无非格式字符,则认为所有输入的字符均为有效字符。

例如:

scanf("%c%c%c",&a,&b,&c);

输入为:

d e f

则把'd'赋予 a, ' '赋予 b,'e'赋予 c。

只有当输入 def 时,才能把'd'赋予 a,'e'赋予 b,'f'赋予 c。

如果在格式控制中加入空格作为间隔,例如:

scanf ("%c %c %c",&a,&b,&c);

则输入时各数据之间可加空格。

⑤ 如果格式控制串中有非格式字符,则输入时也要输入该非格式字符。例如:

scanf("%d,%d,%d",&a,&b,&c);

其中用非格式符","作间隔符,故输入时应为:5,6,7。又如:

scanf("a=%d,b=%d,c=%d",&a,&b,&c);

则输入应为:

a=5,b=6,c=7

⑥ 格式符与对应变量的数据类型要一一对应,否则结果不正确。如下面程序段:

```
float a,b;
scanf("%d%d",&a,&b);
printf("%f,%f\n",a,b);
```

虽然编译能通过,也能运行,但结果不正确。

2. printf 函数(格式输出函数)

printf 函数是一个标准库函数,它的函数原型在头文件"stdio. h"中。printf 函数称为格式输出函数,其功能是按用户指定的格式,把指定的数据显示到显示器屏幕上。在前面的例题中已多次使用过这个函数。

(1) printf 函数一般形式。

printf("格式控制字符串",输出表列);

例如:

printf(" %d,%c\n",i,c);

（2）格式控制字符串。

在 C 中格式控制字符串的一般形式为：

%［标志］［输出最小宽度］［.精度］［长度］类型

其中方括号［］中的项为可选项。各项的意义介绍如下：

① 类型：类型字符用于表示输出数据的类型，其格式字符和意义如表 2-6 所示。

表 2-6　格式字符及意义

格 式 字 符	意 义
d(md,ld)	以十进制形式输出带符号整数（正数不输出符号）
o	以八进制形式输出无符号整数（不输出前缀 0）
x,X	以十六进制形式输出无符号整数（不输出前缀 Ox）
u	以十进制形式输出无符号整数
f	以小数形式输出单、双精度实数
e,E	以指数形式输出单、双精度实数
g,G	以%f 或%e 中较短的输出宽度输出单、双精度实数
c	输出单个字符
s	输出字符串

例如：

```
int a = 15;
double b = 20.12345678;
char c = 'A';
printf("a = %d, %5d\n",a,a);
printf("b = %f, %8.4f\n",b,b);
printf("c = %c\n",c);
```

结果为：

```
a = 15    15
b = 20.123457, 20.1235
c = A
```

② 标志：标志字符为－、＋、♯、空格 4 种，其意义如表 2-7 所示。

表 2-7　标志及意义

标 志	意 义
－	结果左对齐，右边填空格
＋	输出符号（正号或负号）
空格	输出值为正时冠以空格，为负时冠以负号
♯	对 c、s、d、u 类，无影响；对 o 类，在输出时加前缀 o；对 x 类，在输出时加前缀 0x；对 e、g、f 类，当结果有小数时才给出小数点

③ 输出最小宽度：用十进制整数来表示输出的最少位数。若实际位数多于定义的宽度，则按实际位数输出，若实际位数少于定义的宽度，则补以空格或 0。

④ 精度：精度格式符以"."开头，后跟十进制整数。本项的意义是：如果输出数字，则

表示小数的位数；如果输出的是字符,则表示输出字符的个数；若实际位数大于所定义的精度数,则截去超过的部分。

⑤ 长度：长度格式符为 h、l 两种,h 表示按短整型量输出,l 表示按长整型量输出。

【例 2-14】　整型数与浮点型数据的输出格式应用。

```c
#include <stdio.h>
void  main()
{
    int m = 15,n = 235;
    float a = 123.123456789;
    double b = 123.123456789;
    printf("1. m = % d, % 5d, % o, % x\n",m,m,m,m);
    printf("2. m = % d, % d\n",m);
    printf("3. m = % d\n",m,n);
    printf("4. n = % d\n",(m,n));
    printf("5.b = % 7.5lf\n",b);
    printf("6.a = % f, % .9f\n",a,a);
    printf("7.c = % lf, % .9lf\n",b,b);
}
```

程序运行结果：

1. m = 15,15,17,f
2. m = 15,2367460
3. m = 15
4. n = 235
5. b = 123.12346
6. a = 123.123459,123.123458862
7. c = 123.123457,123.123456789

程序说明：

语句 printf("1. m＝%d,%5d,%o,%x\n",m,m,m,m)；中"%5d"是指输出的数据占 5 列,不足 5 列前补空格。而"%o"格式是以无符号 8 进制数据输出,"%x"是以无符号 16 进制数据输出。

语句 printf("2. m＝%d,%d\n",m)；printf("3. m＝%d\n",m,n)；原则上格式控制符与输出列表一一对应,如出现不一致时系统做如下处理：输出列表少则对应输出项为不确定值；输出列表多则按格式控制输出对应项的值,多余的忽略。

语句 printf("4. n＝%d\n",(m,n))；输出项(m,n)是逗号表达式,值为 n＝235。

语句 printf("6.b＝%7.5lf\n",b)；中"%7.5lf"规定输出的数据占 7 列,但实际输出值所占宽度超过 7 列,则按实际的宽度（列数）进行输出。

语句 printf("6.a＝%f,%.9f\n",a,a)；单精度浮点型数据有效位为 7 位或 8 位,超出部分数据随机产生,故超出部分数据不可信。双精度数据的有效位数为 15 位,故输出数据有效。在以"%.9f"格式输出时,输出结果不同,因为系统对于不同数据类型存储保留有效位数不同,在定义时根据类型分配存储空间。

本章小结

本章重点介绍 C 语言的基本数据类型、变量的定义、运算符和表达式以及输入输出函数。应掌握如何定义变量及变量定义的意义；对各类运算符要加深理解并学会运用，尤其是注重 C 语言中的表达式书写及求解问题，掌握各类运算符的优先级和结合性，能正确用 C 语言中的表达式表达出变量的关系。例如，数学关系式"8〉5〉3"与 C 语言中的关系表达式"8〉5〉3"是不一致的，在 C 语言中应为："8〉5&&5〉3"。

习题

1. C 语言中为什么规定对所用到的变量要"先定义，后使用"，这样做有什么好处？

2. 什么是算术运算符？什么是关系运算符？什么是逻辑运算符？

3. 字符常量和字符串常量有什么区别？

4. 位运算符有哪些？举例说明其功能。

5. 不同数据类型转换规律是什么？

6. 在输入输出函数中经常用的格式符有哪些？各有什么特点？

7. 下列字符序列中，可用作 C 标识符的一组字符序列是（　　）。

　　A）S. b,sum,average,_above　　　　　　　　B)class,day,lotus_1,2day

　　C）♯md,&12x,month,student_n!　　　　　　D) D56,r_1_2,name,_st_1

8. 以下标识符中，不能作为合法的 C 用户定义标识符的是（　　）。

　　A）a3_b3　　　　　　B) void　　　　　　C) _123　　　　　　D) IF

9. 以下数据中，正确的数值或字符常量是（　　）。

　　A）8.9e1.2　　　　　B) c　　　　　　　C) o13　　　　　　D) 82.5

10. 执行下列语句后变量 x 和 y 的值是（　　）。

```
y = 10;x = y++;
```

　　A）x＝10,y＝10　　　　　　　　　　　B) x＝11,y＝11

　　C）x＝10,y＝11　　　　　　　　　　　D) x＝11,y＝10

11. 下列数据中，为字符串常量的是（　　）。

　　A）A　　　　　　　B) "house"　　　　　C) How do you do.　　D) $ abc

12. 先用语句定义字符型变量 c,然后要将字符 a 赋给 c,则下列语句中正确的是（　　）。

　　A）c＝'a';　　　　　B) c＝"a";　　　　　C) c＝"97";　　　　　D) C＝'97'

13. 设 a＝12,且 a 定义为整型变量。执行语句 a＋＝a－＝a＊＝a;后 a 的值为（　　）。

　　A)12　　　　　　　B) 144　　　　　　C) 0　　　　　　　D) 132

14. 下列程序的输出结果为（　　）。

```
void main()
{
    int m = 7,n = 4;
```

```
    float a = 38.4,b = 6.4,x;
    x = m/2 + n * a/b + 1/2;
    printf(" % f\n",x);
}
```

  A) 27.000000   B)27.500000   C) 28.000000   D) 28.500000

15. 以下程序的输出结果为( )。

```
void main()
{
    int i = 010,j = 10;
    printf(" % d, % d\n",++i,j-- );
}
```

  A) 11,10   B) 9,10   C) 010,9   D) 10,9

16. 设 $x = 2$ && $2||5 > 1$,则 x 的值是多少?

17. int $x = 2,y = 3,z = 4$;,则表达式! $x + y > z$ 的值是多少?

18. int $x = 2$; $x * = y = z = 4$;,则 x 的值是多少?

19. 已知 $a = 13,b = 6,a$&&b 的十进制数值是多少?

20. 已知 $a = 13,b = 6,a||b$ 的十进制数值是多少?

21. int $a = 1,b = 2,c = 3$;,则表达式 $(a$&$b)||(a|b)$ 的值是多少?

22. 已知 $a = 13$, $a \gg 1$ 的十进制数值是多少?

23. 已知 $a = 13$, $a \ll 2$ 的十进制数值是多少?

24. 已知 $a = 13,b = 6,a$&b 的十进制数值是多少?

第 **3** 章

C语言的控制结构

通过前两章的学习,我们了解和掌握了面向结构程序设计的思想及基础知识。为了实现将一个实际项目采用计算机来运行处理,首先,需要将实现的项目采用数学方法来进行描述,并建立相应的数学模型来解决该问题;然后,根据所建立的数据模型来设计实现的算法。在本章中将介绍结构化程序设计算法的 3 种基本控制结构:顺序结构、选择结构和循环结构,重点是实现选择结构和循环结构的程序设计方法。

本章要点

➤ 理解结构化程序设计的思想及方法。

➤ 掌握选择结构的程序设计方法及实现语句:if、switch 语句。

➤ 掌握循环结构的程序设计方法及实现语句:while、do-while、for 语句。

3.1 结构化程序设计

面向结构程序设计由 E. W. dijkstra 在 1969 年提出,是以模块化设计为中心,将待开发的软件系统划分为若干个相互独立的模块,这样使完成每一个模块的工作变简单而明确,为设计一些大型的软件打下了良好的基础。面向结构程序设计是一种程序设计方法,有 3 种基本的控制结构,通过组合和嵌套实现任何单入口单出口的程序——这就是面向结构程序设计基本原理。这 3 种程序控制结构分别是顺序结构、选择结构和循环结构。

3.1.1 结构化程序设计的方法

1. 自顶向下原则

软件系统设计时,应先考虑总体,搭建起系统架构,后考虑细节;先考虑全局目标,后考虑局部目标。不要一开始就过多追求众多的细节,先从最上层总目标开始设计,逐步使问题具体化。

2. 逐步细化原则

对复杂问题,应设计一些子目标作为过渡,逐步细化。

3. 模块化设计原则

一个复杂问题,肯定是由若干稍简单的问题构成。模块化是把程序要解决的总目标分解为多个子目标,再进一步分解为具体的小目标,每一个小目标称为一个模块。

3.1.2　结构化程序设计的步骤

开发一个软件系统,不论这个系统规模有多大,我们通常需要按照下述的步骤进行分析与实现。

1. 分析问题

对要解决的问题,首先必须分析清楚,明确题目的要求,列出所有已知量,找出题目的求解范围、解的精度等。

通过分析,主要获取问题所涉及的所有数据,包括已经数据、中间结果及最终要得到的数据。

2. 建立数学模型

对实际问题进行分析之后,找出数据间的内在规律,在已经数据和最终要得到的数据之间建立数学模型(即数学表达式),则可以用数学方法来解决该问题,最终才能利用计算机来解决。

3. 设计算法

建立数学模型后,还不能着手编写程序,必须根据数据的数据结构设计解决问题的算法(即解题步骤)。选择算法一般要注意:

(1) 算法的逻辑结构尽可能简单;

(2) 算法所要求的存储量应尽可能少,即算法的空间复杂度尽可能小;

(3) 避免不必要的循环和递归,减少算法的执行时间,即算法的时间复杂度尽可能小;

(4) 在满足题目条件要求下,使所需的计算量最小。

4. 编写程序

采用某种计算机语言,将前面所涉及的数据和算法进行详细的描述;把整个程序看作一个整体,先全局后局部,自顶向下,一层一层分解处理,如果某些子问题的算法相同而仅参数不同,可以用子程序来表示。

5. 调试运行

将整个程序编译、调试后,运行程序得出结论。

6. 程序测试

根据运行结果分析程序,通过几组数据验证程序的正确性。

7. 写出程序的文档

主要是对程序中的变量、函数或过程做必要的说明,解释编程思路,画出框图,讨论运行结果等。

3.1.3　结构化程序设计的特点

结构化程序设计中的3种基本结构都遵循具有唯一入口和唯一出口的原则，并且程序不会出现死循环。在程序的静态形式与动态执行流程之间具有良好的对应关系。

1．优点

由于模块相互独立，因此在设计其中一个模块时，不会受到其他模块的影响，因而可将原来较为复杂的问题化简为一系列简单模块的设计。模块的独立性还为扩充已有的系统、建立新系统带来了不少的方便，因为可以充分利用现有的模块做积木式的扩展。

按照面向结构程序设计的观点，任何算法功能都可以通过由程序模块组成的3种基本程序结构的组合来实现。

结构化程序设计的基本思想是采用"自顶向下，逐步求精"的程序设计方法和"单入口单出口"的控制结构。自顶向下、逐步求精的程序设计方法从问题本身开始，经过逐步细化，将解决问题的步骤分解为由基本程序结构模块组成的结构化程序框图；"单入口单出口"的思想认为一个复杂的程序，如果它仅是由顺序、选择和循环3种基本程序结构通过组合、嵌套构成，那么这个新构造的程序一定是一个单入口单出口的程序。据此就很容易编写出结构良好、易于调试的程序来。

2．缺点

（1）用户要求难以在系统分析阶段准确定义，致使系统在交付使用时产生许多问题。

（2）用系统开发每个阶段的成果来进行控制，不能适应事物变化的要求。

（3）系统开发周期长。

3.1.4　结构化程序设计的3种基本控制结构

1．顺序结构

顺序结构表示程序中的各语句是按照它们出现的先后顺序依次被执行，每个语句都被执行且只执行一次，如图3-1所示。

说明：执行完语句1，即开始执行语句2。

2．选择结构

选择结构表示程序的处理步骤出现了分支，它需要根据某一特定的判断条件的结果选择其中的一个分支执行。选择结构有单选择、双选择和多选择3种形式，如图3-2所示。

说明：

（1）图中表达式的值为逻辑值，只有真、假两个可选值，通常规定，非0为真，0为假。

（2）单选择形式：如图3-2(a)所示，当表达式的值为真的时候，执行语句，否则，为假的时候不执行任何语句。

图3-1　顺序结构程序
　　　　设计流程图

(a) 单选择形式   (b) 双选择形式

(c) 多选择形式

图 3-2　选择结构程序设计流程图

（3）双选择形式：如图 3-2(b)所示，当表达式的值为真的时候，执行语句 1，否则，为假的时候执行语句 2。

（4）多选择形式：如图 3-2(c)所示，遵循上面的判断原则，对多个表达式依次进行判断，来实现根据不同的判断情况来选择执行不同的语句。

（5）上述 3 种形式，不管根据什么判断条件后执行哪条语句，最后都只有一个出口，然后去执行后续语句，遵循结构化程序设计的单入口单出口的原则。

3. 循环结构

循环结构表示程序反复执行同一组操作，直到某条件（即表达式的值）为假（或为真）时才中止循环，否则，继续执行本组操作。

循环结构的基本形式有两种：当型循环和直到型循环。

（1）当型循环：如图 3-3(a)所示，表示先判断条件（即表达式的值），当满足给定的条件（即表达式的值为非 0）时执行循环体语句，并且在循环终端处，流程自动返回到循环入口；如果条件不满足（即表达式的值为 0）时，则退出循环体，直接到达流程出口处。因为是"当条件满足时执行循环"，即先判断循环条件后执行，所以称为当型循环。

（2）直到型循环：如图 3-3(b)所示，表示从结构入口处直接执行循环体语句，在循环终端处判断条件（即表达式的值），如果条件不满足（即表达式的值为 0）时，返回入口处，继续

(a) 当型循环形式　　　　　　　(b) 直到型循环形式

图 3-3　循环结构程序设计流程图

执行循环体,直到条件满足(即表达式的值为非 0 时),则退出循环,到达流程出口处。因为是先执行循环体后判断,即"直到条件为真时为止",所以称为直到型循环。

要点说明:

① 采用循环结构来实现控制的前提条件有两个:首先,每次循环所要进行的操作完全相同的情况下;其次,每次循环所要操作的数据,必须能由上次循环的操作数据通过某种数学模型来有效获取。

② 采用循环控制变量来控制循环何时结束:我们需要清楚循环控制变量的 3 个值,分别是其初值、终值和步长来控制循环。

初值:即第一次循环操作时,循环控制变量的初始值。

终值:即当处理完最后一次循环操作时,需要退出循环时,循环控制变量的值。

步长:本次循环操作与下一次循环操作的循环控制变量的增(或减)值,即实现初值趋向于终值的值,如步长不能使初值趋向于终值的情况下,该循环会形成死循环。

3.2　顺序结构程序设计

前面所述程序设计的 3 种基本结构,即顺序结构、分支结构和循环结构,C 语言提供了多种语句来实现这些结构,由 3 种结构组成各种复杂的程序。本节讨论顺序结构程序设计以及 C 语言的基本语句。顺序结构设计的程序自顶向下,按照每条语句书写的顺序依次执行,每条语句都执行,而且都只执行一次。在顺序结构中,不涉及复杂的算法,只是由一些基本 C 语言语句组成,是一种最简单的程序设计结构。

【例 3-1】 从键盘输入任意 3 个数据,求其平均值。

算法设计:

(1) 求平均值,且输入的是任意数据,故变量应定义浮点型数据比较合适;

(2) 输入数据,求平均值;

(3) 输出平均值。

程序代码:

```
#include<stdio.h>
void main()
```

```
{
    float a,b,c,d;                    / * 变量的定义 * /
    scanf(" % f % f % f",&a,&b,&c);   / * 用函数 scanf 输入 3 个浮点型数据 * /
    d = (a + b + c)/3;                / * 计算 3 个数的平均值 * /
    printf (" % f",d);                / * 用函数 printf 输出平均值 * /
}
```

程序说明：

（1）本程序所有语句按照书写顺序逐条执行。

（2）所有语句都是以分号结尾，这种语句称为表达式语句。

除了表达式语句，C语言还有其他类型的语句。例如，函数调用语句、控制语句、复合语句、空语句，下面分别做详细介绍。

任何高级语言编写的程序，都是由若干语句按照一定结构组织在一起，语句用来向计算机系统发出操作指令，每个语句经编译以后形成若干个机器指令。一个完整的 C 语言程序包含若干条语句，大体结构如图 3-4 所示。

图 3-4　C 语言程序结构

其中 C 程序的执行部分是由语句组成的，也是程序的主体，程序的具体功能就是由各种 C 语言语句实现的，下面介绍一下几种主要的 C 语言语句。

1．表达式语句

表达式语句由表达式加上分号（;）组成。

其一般形式为：

表达式;

说明：执行表达式语句就是计算表达式的值。

例如：

```
a = b + c;    赋值语句;
a + b;        加法运算语句,但计算结果不能保留,无实际意义;
i++;          自增 1 语句,i 值增 1,与 i = i + 1;等价。
```

2. 函数调用语句

由函数名、实际参数加上分号（;）组成。
其一般形式为：

函数名(实际参数表);

说明：执行函数语句就是调用函数体并把实际参数单向传值给函数定义中的形式参数，然后执行被调函数体中的语句，求取函数值（在后面函数中再详细介绍）。
例如：

```
printf("C Program");    调用库函数,输出字符串。
```

3. 控制语句

控制语句用于控制程序的流程，以实现程序的 3 种结构方式。C 语言有 9 种控制语句。按其功能可以分成以下 3 类：
(1) 条件判断语句：if 语句、switch 语句；
(2) 循环执行语句：do while 语句、while 语句和 for 语句；
(3) 转向语句：break 语句、goto 语句、continue 语句和 return 语句。

4. 复合语句

把多个语句用大括号（{}）括起来组成的一个语句称复合语句。
在程序中应把复合语句看成是单条语句，而不是多条语句。
例如：

```
while(i < = 10)
{
    sum = sum + i;
    i++ ;
}
printf(" % d",sum);
```

while 循环体中"{}"内的语句为复合语句，复合语句内的各条语句都必须以分号（;）结尾，在括号"}"外不能再加分号。

5. 空语句

只有分号";"组成的语句称为空语句。空语句是什么也不执行的语句。在程序中空语句可用来作空循环体。
例如：

```
while(getchar()!= '\n')
;
```

本语句的功能是：当从键盘输入的字符不是回车则重新输入。
循环体内只有一个分号，为空语句。

6．赋值语句

在赋值表达式后面加上一个分号就是赋值语句，例如 sum＝sum＋i 是赋值表达式，而 sum＝sum＋i；就是赋值语句。赋值语句是 C 语言中最常用的一种语句，功能和特点都与赋值表达式相同。

其一般形式为：

变量 = 表达式；

在赋值语句的使用中需要注意以下几点：

（1）由于在赋值符"＝"右边的表达式也可以是一个赋值表达式，因此，下述形式

变量 =（变量 = 表达式）；

是成立的，从而形成嵌套的情形。其展开之后的一般形式为：

变量 = 变量 = … = 表达式；

例如：

a = b = c = d = e = 5；

按照赋值运算符的右结合性，因此实际上等效于：

e = 5；
d = e；
c = d；
b = c；
a = b；

（2）注意在变量说明中给变量赋初值和赋值语句的区别。

给变量赋初值是变量说明的一部分，赋初值后的变量与其后的其他同类变量之间仍必须用逗号间隔，而赋值语句则必须用分号结尾。

例如：

int a = 5,b,c；

（3）在变量说明中，不允许连续给多个变量赋初值。

例如下述说明是错误的：

int a = b = c = 5；

必须写为：

int a = 5,b = 5,c = 5；

而赋值语句允许连续赋值，即可以写为：a＝b＝c＝5；。

（4）注意赋值表达式和赋值语句的区别。

赋值表达式是一种表达式，它可以出现在任何允许表达式出现的地方，而赋值语句则不能出现在任何地方，只能作为语句单独使用。

下述语句是合法的：

if((x = y + 5)> 0) z = x;

语句的功能是：若表达式 x＝y＋5 的值大于 0，则 z＝x。

下述语句是非法的：

if((x = y + 5;)> 0) z = x;

因为 x＝y＋5;是语句，不能出现在表达式中。

【例 3-2】 从键盘输入一个小写字母，要求改用大写字母输出。

算法设计：

（1）从键盘输入一个字符存入变量 s1 中；

（2）利用 ASCII 值转换大小写（大写字母 A 的 ASCII 为 65，小写字母 a 的 ASCII 值为 97，大小写字母相差 32）；

（3）输出转换后数据。

程序代码：

```c
# include < stdio. h >
void main()
{
    char s1,s2;                      /* 定义变量 */
    scanf(" % c",&s1);
    s2 = s1 - 32;                    /* 转换成大写字母 */
    printf(" % c\n",s2);             /* 输出结果 */
}
```

运行情况：

输入数据：b
输出结果：B

【例 3-3】 从键盘输入任意三位整数，求其各位数字之和。

程序代码：

```c
# include < stdio. h >
void main()
{
    int n = 0,x = 0,y = 0,z = 0,sum = 0;
    scanf(" % d",&n);                /* 输入一个三位整数 */
    x = n/100;                       /* 求百位数上的数字 */
    y = (n/10) % 10;                 /* 求十位数上的数字 */
    z = n % 10;                      /* 求个位数上的数字 */
    sum = x + y + z;
    printf("sum = % d\n",sum);
}
```

运行情况：

输入数据：345
输出结果：sum = 12

【例 3-4】　求 $ax^2+bx+c=0$ 方程的根,a,b,c 由键盘输入,假设 $b^2-4ac>0$。

算法设计:

(1) 定义变量 a,b,c,disc,x1,x2,p,q;

(2) 输入 a,b,c;

(3) 计算:$disc=b^2-4ac, p=\dfrac{-b}{2a}, q=\dfrac{\sqrt{b^2-4ac}}{2a}$

$$x1=p+q,\ x2=p-q;$$

(4) 输出 x1,x2。

程序代码:

```
# include < math. h>
# include < stdio. h>
void main()
{
    float a,b,c,disc,x1,x2,p,q;
    scanf("% f % f % f",&a,&b,&c);
    disc = b * b - 4 * a * c;
    p = - b/(2 * a);
    q = sqrt(disc)/(2 * a);
    x1 = p + q;x2 = p - q;
    printf("\nx1 = % 5.2f\nx2 = % 5.2f\n",x1,x2);
}
```

运行情况:

键盘输入 1 2 1 时,得到两个相等的实根为-1;输入 2 3 1,得到两个不相等的实根:x1=-0.50,x2=-1.00,注意输入的数据必须保证 disc 大于 0。

3.3　选择结构程序设计

选择结构表示程序的处理步骤出现了分支,它需要根据某一特定的条件选择其中的一个分支执行。选择结构有单分支、双分支和多分支 3 种形式。其语句有两类,一类是 if 语句,另一类是 switch 语句,以下将分别进行介绍。

3.3.1　单分支选择结构

在 C 语言中,提供简单 if 语句来实现单分支选择结构。

if 语句又称为条件分支语句。它是通过对给定条件的判断,来决定所要执行的操作。

格式:

if (表达式)语句;

功能:首先计算表达式的值,若表达式的值为"真"(非 0),则执行语句;若表达式的值为"假"(0),不执行语句。其流程图如图 3-2(a)所示。

例如:

if(x<0)x=- x;

【例 3-5】 从键盘输入 3 个整数，按由大到小顺序输出。

算法设计：

将键盘输入的 3 个整数分别存入 a、b、c 三个整型变量中。先比较 b 与 a 的大小，如 b 值比 a 值大就交换两者的值，否则，不做任何操作，此时，a 变量里存放的肯定是 a、b 中最大的那个数；再比较 a 与 c 的大小，如 c 值比 a 值大就交换两者的值，经过上述两次比较操作，变量 a 中存放的肯定是 3 个数中最大值；最后比较 b 与 c 的大小，如 c 值比 b 值大就交换两者的值，这样 a、b、c 中的值就变为由大到小的顺序了。

程序代码：

```
# include < math. h>
# include < stdio. h>
void main()
{
    int a,b,c,t;
    scanf(" % d % d % d",&a, &b, &c);
    printf ("a = % d,b = % d,c = % d\n",a,b,c);
    if (b > a) {t = a;a = b;b = t;}        /*  执行后 a 值比 b 值大  */
    if (c > a) {t = a;a = c;c = t;}        /*  执行后 a 值比 b、c 值大  */
    if (c > b) {t = b;b = c;c = t;}        /*  执行后 b 值比 c 值大  */
    printf (" %d %d %d\n",a,b,c);
}
```

运行情况：

输入数据：5 4 9
输出结果：9 5 4

3.3.2 双分支选择结构

在 C 语言中，提供简单分支 if…else…语句来实现双分支选择结构。

格式：

if (表达式)语句 1
else 语句 2

功能：首先计算表达式的值，若表达式的值为"真"(非 0)，则执行语句 1；若表达式的值为"假"(0)，则执行语句 2。其流程图如图 3-2(b)所示。

例如：

```
if(x > = 0)y = x;
else y = - x;
```

【例 3-6】 输入一个整数(大于 1 小于 100)，判断其是否为同构数。同构数是指：如果一个整数位于它的平方数右边，则该数即为同构数，如 5、6、25 都为同构数。

算法设计：

先输入一个整数存入变量 m 中(如 m=25)，再计算其平方数存入变量 pm 中(pm=625)。如果 m 小于 10，则取其平方数 pm 的个位数；如果 m 大于 10，则取其平方数 pm 的后两位数构成的数(如 25)。进而判断 m 是否为同构数。

程序代码：

```
# include < stdio. h>
void main()
{
    int m,pm,y;
    scanf(" % d",&m);
    pm = m * m;
    if(m < 10) y = pm % 10;              /* 如 m 为 1 位整数,取其平方数的个位数 */
    else y = pm % 100;                   /* 如 m 为 2 位整数,取其平方数的后两位数 */
    if(m == y) printf(" % d 是同构数\n",m);
    else   printf(" % d 不是同构数\n",m);
}
```

运行情况：

```
输入数据：25
输出结果：25 是同构数
输入数据：15
输出结果：15 不是同构数
```

3.3.3　多分支(多情况)选择结构

在 C 语言中,对于多个分支选择时,可采用 if…else…if 分支嵌套语句和 switch 语句来实现多分支选择结构。

1. if…else…if 分支嵌套语句

格式：

```
if (表达式 1) 语句 1
    else if (表达式 2) 语句 2
        else if (表达式 3) 语句 3
          ⋮
            else if (表达式 n - 1) 语句 n - 1
                else 语句 n
```

功能：首先计算表达式 1 的值,若为"真"(非 0),执行语句 1,否则进行下一步判断；若表达式 2 为真,执行语句 2,否则进行下一步判断……最后所有表达式都为假时,执行语句 n。其流程图如图 3-2(c)所示。

例如：

```
if (score > 89)        grade = 'A';
  else if (score > 79)   grade = 'B';
        else if (score > 69)   grade = 'C';
            else if (score > 59)   grade = 'D';
                else      grade = 'E';
```

关于 if 语句的说明：

（1）if 后面小括号中的表达式一般是关系表达式或逻辑表达式，用于描述选择结构的条件，但也可以是任意的类型表达式（包括常量表达式、赋值表达式、算术表达式等）。

例如：

```
if (2)  printf ("OK!");
```

是合法的，因为表达式的值为 2，非 0，按"真"处理，执行结果输出"OK!"。

（2）if 语句中，在每个 else 前面有一个分号，整个语句结束的位置也有一个分号。这是由于分号是 C 语句中不可缺少的部分，这个分号是 if 语句中的内嵌语句所需要的。

（3）在 if 和 else 后面可以只含有一个内嵌的操作语句，也可以含有多个操作语句，此时应用大括号"{ }"将几个语句括起来，构成一个复合语句，注意：复合语句的"{"和"}"之后不能加分号。

【例 3-7】 从键盘输入一个 x 值，输出相应 y 值。

$$y = \begin{cases} 1 & (x > 0) \\ 0 & (x = 0) \\ -1 & (x < 0) \end{cases}$$

算法设计：

（1）输入数据 x；

（2）判断 x 的值，计算 y 值；

（3）输出 y 的值。

程序代码：

```
# include < stdio. h >
void main()
{
    int x, y;
    scanf ("%d",&x);
    if (x < 0)  y = -1;
    else  if (x == 0)  y = 0;
        else  y = 1;
    printf ("x = %d, y = %d\n", x, y);
}
```

运行情况：

输入 4，则 y = 1；输入 0，则 y = 0；输入 -5，则 y = -1。

【例 3-8】 输入学生的百分制成绩，输出相应五级分制等级。

算法设计：

（1）定义变量 score，输入百分制成绩；

（2）判断 score 所在范围，得出相应等级；

（3）输出相应等级。

程序代码：

```
# include < stdio. h >
void main()
```

```
{
    int score;
    char grade;
    scanf (" % d",&score);
    if (score > = 90) grade = 'A';
      else if (score > = 80) grade = 'B';
          else if (score > = 70) grade = 'C';
              else if (score > = 60) grade = 'D';
                  else   grade = 'E';
    printf(" % c\n", grade);
}
```

运行情况：

输入 93,则输出'A'；输入 87,则输出'B'；输入 71,则输出'C'；输入 62,则输出'D'；输入 35,则输出'E'。

【例 3-9】　从键盘输入任意字符,判断是数字、大小写字母还是其他字符,输出其相应信息。

算法设计：键盘输入的是一个字符,可以用 getchar( )函数完成字符的输入,判断输入的字符是大写、小写或是其他字符,输出相应信息。

程序代码：

```
# include < stdio. h >
void main( )
{
    char c;
    printf("请输入字符: ");
    c = getchar( );
    if(c > = '0'&&c < = '9')
        printf("这是一个数字\n");
    else if(c > = 'A'&&c < = 'Z')
            printf("这是一个大写字母\n");
        else if(c > = 'a'&&c < = 'z')
                printf("这是一个小写字母\n");
            else
                printf("这是一个其他字符\n");
}
```

运行情况：

键盘输入一个大写字符"A",则输出"这是一个大写字母"。

注意：getchar( )每次只接收一个字符。

2. switch 语句

上面介绍的多分支结构用 if…else…if 语句解决,由于分支很多时候结构层次比较多,编程时容易出现错误。在 C 语言中,还提供了另外一种实现多分支结构的控制语句——switch 语句,用 switch 语句可以方便地解决多分支结构问题。

格式：

```
switch (表达式)
{case 常量表达式 1: 语句组 1; [break]
 case 常量表达式 2: 语句组 2; [break]
    ⋮
 case 常量表达式 n: 语句组 n; [break]
 default: 语句 n + 1;
}
```

说明：

（1）switch 语句的表达式通常是一个整型或字符型变量，也允许是枚举型变量，其结果为相应的整数、字符或枚举常量。case 后的常量表达式必须是与表达式对应一致的整数、字符或枚举常量。

（2）switch 语句中所有 case 后面的常量表达式的值都必须互不相同。

（3）switch 语句中的 case 和 default 的出现次序是任意的。

（4）switch 语句的执行过程是先用表达式的值与"case 常量表达式"逐个进行比较，在找到值相等的常量表达式时，执行其后面的语句组。并且一直遇到 break 语句或整个 switch 语句中止时结束，所以必须恰当运用 break 语句来中止 switch。

（5）每个 case 的后面既可以是一个语句，也可以是多个语句，当是多个语句的时候，不需要用大括号括起来。

（6）多个 case 的后面可以共用一组执行语句，例如：

```
switch (n)
{
 case 1:
 case 2: x = 10;break;
    ⋮
}
```

它表示当 n＝1 或 n＝2 时，都执行下面两个语句：

```
x = 10;
break;
```

（7）将例 3-10 中的 break；语句去掉后运行：

输入数据：   88   输入数据：67
输出结果：   B   输出结果：D
             E
             D
             E

在该程序中没有 break 语句，因此执行结果出现错误。

【例 3-10】 将例 3-8 改用 switch 语句实现。

```
# include < stdio. h >
void main()
{
```

```
    int score,k;
    scanf (" %d",&score);
    k = score /10;
    switch(k)
    {
        case  10:
        case   9:  printf ("A\n");break;
        case   8:  printf ("B\n");break;
        case   7:  printf ("C\n");break;
        case   6:  printf ("D\n");break;
        default:  printf ("E\n");
    }
}
```

【例 3-11】 输入一个不多于 5 位的正整数,逆序输出各数位上的数。

算法设计:

(1) 定义一个长整型变量 x,输入数据存入 x;

(2) 判断 x 的位数;求出各数位的代码;

(3) 输出各数位上的数。

程序代码:

```
# include < stdio. h >
void main()
{
    long int x;
    int n,g,s,b,q,w;
    scanf(" %ld",&x);
    if(x >= 10000)n = 5;
    else if(x >= 1000)n = 4;
        else if(x >= 100)n = 3;
            else if(x >= 10)n = 2;
                else n = 1;
    g = x%10;s = x/10%10;b = x/100%10;q = x/1000%10;w = x/10000;
    switch(n)
    {
        case 5:printf(" %d, %d, %d, %d, %d\n",g,s,b,q,w);break;
        case 4:printf(" %d, %d, %d, %d\n",g,s,b,q);break;
        case 3:printf(" %d, %d, %d\n",g,s,b);break;
        case 2:printf(" %d, %d\n",g,s);break;
        case 1:printf(" %d\n",g);
    }
}
```

运行情况:

输入数据: 45678
输出数据: 8 7 6 5 4

3.3.4 条件运算符和条件表达式

条件运算符由两个符号"?"和":"组成,要求有 3 个操作对象,称三目(元)运算符,它是

C语言中唯一的三目运算符。

条件表达式的格式：

表达式 1 ?表达式 2：表达式 3

说明：

（1）通常情况下，表达式 1 是关系表达式或逻辑表达式，用于描述条件表达式中的条件，表达式 2 和表达式 3 可以是常量、变量或表达式。

例如：

(x == y)?'T':'F'

(a>b)?printf ("%d",a):printf ("%d",b)等均为合法的条件表达式。

（2）条件表达式的执行顺序：先求解表达式 1，若为非 0（真），则求解表达式 2，此时表达式 2 的值就作为整个条件表达式的值。若表达式 1 的值为 0（假），则求解表达式 3，表达式 3 的值就是整个条件表达式的值。

min = (a<b)?a:b;

执行结果就是将 a 和 b 二者中较小的赋给 min。

（3）条件运算符的优先级别仅高于赋值运算符，而低于前面介绍过的所有运算符。因此，min=(a<b)?a:b;可直接写成：min=a<b?a:b;。如果有 a>b?a:b+1 等效于 a>b?a:(b+1)，而不等效于(a>b?a:b)+1。

（4）条件运算符的结合方向为"自右至左"。例如：

x>0?1:x<0?-1:0 等效于 x>0?1:(x<0?-1:0)

（5）表达式 1、表达式 2 和表达式 3 的类型可以不同，此时条件表达式的值的类型为它们中较高的类型。

【例 3-12】 从键盘输入一个字符，如果是大写字母，将它转换成小写字母并输出；如果是小写字母直接输出。

算法设计：

（1）定义字符型变量 a、b；

（2）判断输入字符大小写：若是大写字母转换为小写字母，小写字符 ACSII 码比相应大写字母 ACSII 码值大 32；

（3）输出转换后的字符。

程序代码：

```
#include<stdio.h>
void main()
{
    char ch;
    printf ("Please enter a charcter: \n");
    scanf ("%c",&ch);
    ch = (ch>= 'A'&&ch<= 'Z')?(    ch+32):ch;
    printf ("%c\n",ch);
}
```

程序结果：

```
Please enter a charcter:
A↙
a
```

3.4 循环结构程序设计

循环结构是程序中一种很重要的结构。其特点是，在给定条件成立时，反复执行某程序段，直到条件不成立为止。给定的条件称为循环条件，反复执行的程序段称为循环体。C语言提供了如下实现循环结构的 3 种循环语句：while 循环语句、do－while 循环语句和 for 循环语句。

3.4.1 while 语句

格式：

While(条件表达式)
       {循环体}

功能：先计算条件表达式的值，当值为真(非 0)时，执行循环体语句。当条件表达式不成立(值为 0)时，结束循环，执行循环体后面的语句。其执行过程如图 3-3(a)所示。

【例 3-13】 求 $sum = \sum\limits_{n=1}^{100} n$。

算法设计：累加运算是一个表达式(sum＝sum＋i)多次执行，执行 100 次，所以在累加运算中从 1 开始至 100，依次累加，程序设计中变量 i 作为循环控制变量。

(1) 设累加变量 sum＝0；

(2) 循环控制变量 i 赋初值 1，设定循环条件为 i<=100(即循环控制变量终值为 100)，循环语句为 sum＝sum＋i，每循环一次，循环控制变量的增值为 1；

(3) 输出 sum 的值。

程序代码：

```
# include < stdio. h>
void main( )
{
    int i, sum = 0;
    i = 1;                              / * 循环控制变量 i 赋初值 1 * /
    while( i < = 100)                    / * 循环控制变量终值为 100 * /
    {
        sum = sum + i;
        i++;                            / * 每循环一次,循环控制变量的增值为 1 * /
    }
    printf(" % d\n", sum);
}
```

使用 while 语句应注意以下几点：

（1）while 语句中的表达式一般是关系表达式或逻辑表达式,只要表达式的值为真(非 0)即可继续循环。

（2）循环体如果包括一个以上的语句,则必须用{}括起来,组成复合语句。如果不包括大括号,则 while 语句的范围只到 while 后面的第一个分号处。

（3）在循环体中应有使循环趋向于结束的语句,否则循环就是死循环,如例 3-13 中的 i++;语句。

【例 3-14】 求 p＝n!（从键盘输入一个整数存入变量 n）。

算法设计：

累乘运算是一个表达式(p＝p＊i)多次执行 n 次,所以在累乘运算中从 1 开始至 n,依次累乘,程序设计中一般用变量 i 作为循环控制变量。

（1）设定变量 p＝1,i＝1;

（2）设定循环条件为 i<＝n,n 由键盘输入；循环语句为 p＝p＊i;

（3）输出 sum 的值。

程序代码：

```c
# include < stdio. h >
void main()
{
    long p = 1;
    int i,n;
    scanf(" % d",&n);
    i = 1;                          /＊循环控制变量 i 赋初值 1＊/
    while(i < = n)                  /＊循环控制变量终值为 n＊/
    {
        p = p * i;
        i++;                        /＊每循环一次,循环控制变量的增值为 1＊/
    }
    printf(" % ld\n",p);
}
```

【例 3-15】 计算并输出整数 n 的所有因子之和（不包括 1 与自身）。

算法设计：

对 2～n－1 的所有整数 k 分别试除 n,如能整除,则 k 是 n 的因子进行累加。

（1）设定变量 int n,k,s＝0;。由键盘输入整数存入变量 n。

（2）设定循环条件为 k<＝n－1（也可以 k<＝n/2,因为一个整数的真因子不会大于该数的一半）,循环语句为 if(n％k＝＝0) s＝s＋k;。

（3）输出 s 的值。

程序代码：

```c
# include < stdio. h >
void main()
{
    int n,k,s = 0;
    scanf(" % d",&n);
    k = 2;                          /＊循环操作数据初值从 2 开始＊/
```

```
    while(k < n)                            / * 循环操作数据终值为 n * /
    {
        if(n % k == 0) s = s + k;
        k++;                                / * 每循环一次,循环操作数据的增值为 1 * /
    }
    printf(" % d\n",s);
}
```

【例 3-16】　从键盘输入一批整数,分别统计奇数、偶数个数,输入 0 时结束。

算法设计:

(1) 输入一整数存入变量 n 中。

(2) 当 n 的值不为 0 时,判断奇偶性并统计;当 n 的值为 0 时,退出循环执行第(4)步。

(3) 再次输入一整数存入变量 n 中,返回第(2)步。

(4) 输出结果。

程序代码:

```
# include < stdio. h >
void main()
{
    int n,js = 0,os = 0;
    scanf(" % d",&n);                       / * 从键盘获取循环操作数据初值 * /
    while(n! = 0)                           / * 循环操作数据终值为 0 * /
    {
        if(n % 2! = 0) js++;
        else os++;
        scanf(" % d",&n);                   / * 从键盘获取下一个循环操作数据 * /
    }
    printf("js = % d,os = % d\n",js,os);
}
```

3.4.2　do-while 语句

格式:

```
Do
  {
  循环体
}While(条件表达式);
```

do 循环与 while 循环的不同在于:它先执行循环中的语句,然后再判断表达式是否为“真”,如果为“假”则继续循环;如果为“真”则中止循环。因此,do-while 循环至少要执行一次循环语句。其执行过程如图 3-3(b)所示。

【例 3-17】　用 do-while 语句求 100~200 的奇数和。

```
# include < stdio. h >
void main()
{
    int i,sum = 0;
```

```
        i = 100;
        do
        {
            if(i % 2 == 1)
            sum = sum + i;
            i++;
        } while(i > 200);
        printf(" % d\n", sum);
    }
```

注意：当循环体内有多条语句时，要用"{}"把它们括起来。

【例 3-18】 while 和 do-while 循环比较。

下面两种编写方式有什么区别：读者上机运行。运行时输入数据为 15，注意检验运行结果。

（1）

```
# include < stdio. h >
void main( )
{
    int sum = 0, i;
    scanf(" % d", &i);
    while( i < = 10)
    {
        sum = sum + i;
        i++;
    }
    printf("sum = % d", sum);
}
```

（2）

```
# include < stdio. h >
void main( )
{
    int sum = 0, i;
    scanf(" % d", &i);
    do
    {
        sum = sum + i;
        i++;
    }while(i > 10);
    printf("sum = % d", sum);
}
```

3.4.3　for 语句

在 C 语言中，for 语句使用最为灵活。一般用于计数型循环，也可以用于条件型循环。所以用 while 语句和 do-while 语句所能解决的问题大部分也可以用 for 语句来解决。

格式：

for(表达式 1; 表达式 2; 表达式 3)
    {循环体; }

执行过程如下：

(1) 先求解表达式 1。

(2) 求解表达式 2，若其值为真(非 0)，则执行 for 语句中的循环体，然后执行下面第(3)步；若其值为假(0)，则结束循环，转到第(5)步。

(3) 求解表达式 3。

(4) 返回上面第(2)步继续执行。

(5) 循环结束，执行 for 语句下面的一个语句。

其执行过程可以用图 3-5 表示。

for 语句也可以用下面形式表示：

for(循环控制变量赋初值; 循环条件; 循环控制变量增量)
    {循环体}

循环控制变量赋初值总是一个赋值语句，它用来给循环控制变量赋初值；循环条件是一个关系表达式，它决定什么时候退出循环；循环控制变量增量，定义循环控制变量每循环一次后按什么方式变化，这 3 个部分之间用“;”分开。

例如：

```
for(i = 1; i < = 100; i++)
    sum = sum + i;
```

图 3-5   for 语句流程图

先给循环控制变量 i 赋初值 1，判断 i 是否小于等于 100，若为真，则执行语句 sum = sum+i，之后 i 值增加 1。再重新判断 i 是否小于等于 100，重复执行语句，直到条件为假，即 i > 100 时结束循环。相当于：

```
i = 1;
while(i < = 100)
{    sum = sum + i;
    i++;
}
```

对于 for 循环语句的一般形式，就是如下的 while 循环形式：

```
表达式 1;
while(表达式 2)
{    语句;
    表达式 3;
}
```

注意：

(1) for 循环语句中的“表达式 1(循环控制变量赋初值)”“表达式 2(循环条件)”和“表

达式3(循环控制变量增量)"都是可选项,即可以缺省,但";"不能缺省。

(2) 省略了"表达式2(循环条件)",若不做其他处理,便成为死循环。

例如:

```
for(i = 1;;i++)
    sum = sum + i;
```

相当于:

```
i = 1;
while(1)
{
    sum = sum + i;
    i++;
}
```

(3) 省略了"表达式3",则不对循环控制变量进行修改操作,这时可在语句体中加入修改循环控制变量的语句。

例如:

```
for(i = 1;i < = 100;)
{
    sum = sum + i;
    i++;
}
```

(4) 省略了"表达式1"和"表达式3"。

例如:

```
for(;i < = 100;)
{
    sum = sum + i;
    i++;
}
```

相当于:

```
while(i < = 100)
{
    sum = sum + i;
    i++;
}
```

(5) 3个表达式都可以省略。

例如:

```
for(;;)语句
```

相当于:

```
while(1)语句
```

（6）表达式1可以是设置循环控制变量初值的赋值表达式，也可以是其他表达式。
例如：

```
for(sum = 0;i < = 100;i++) sum = sum + i;
```

（7）表达式1和表达式3可以是一个简单表达式也可以是逗号表达式。

```
for(sum = 0,i = 1;i < = 100;i++)
    sum = sum + i;
```

或：

```
for(i = 0,j = 100;i < = 100;i++,j -- )
  k = i + j;
```

（8）表达式2一般是关系表达式或逻辑表达式，但也可是数值表达式或字符表达式，只要其值非零，就执行循环体。
例如：

```
for(i = 0;(c = getchar())!= '\n';i += c);
```

又如：

```
for(;(c = getchar())!= '\n';)
    printf(" % c",c);
```

【例 3-19】　求 1～200 能被 3 整除但不能被 12 整除的数的个数及和。
算法设计：
（1）定义整型变量 n 与 sum；
（2）对 1～200 的所有 3 的倍数的数，不能被 12 整除则累加并计数；
（3）输出结果。
程序代码：

```
# include < stdio. h >
void main()
{
    int i,n = 0,sum = 0;
    for(i = 3;i < = 200;i = i + 3)
        if(i % 12!= 0) {sum = sum + i;n++;}
    printf("sum = % d k = % d\n",sum,n);
}
```

3.4.4　几种循环语句的比较

（1）3 种循环语句都可以用来处理同一个问题，一般可以互相代替。但一般不提倡用 goto 型循环。故在此没做介绍。

（2）使用 while 和 do-while 循环时，循环体中应包括使循环趋于结束的语句，for 语句功能最强。

（3）用 while 和 do-while 循环时，循环控制变量初始化的操作应在 while 和 do-while 语句之前完成，而 for 语句可以在表达式 1 中实现循环控制变量的初始化。

3.4.5　break 语句

break 语句通常用在循环语句和 switch 语句中。当 break 语句用在 switch 语句中时，可使程序跳出 switch 结构而执行 switch 以后的语句。

当 break 语句用于 do-while、for、while 循环语句中时，可使程序中止循环而执行循环后面的语句，通常 break 语句总是与 if 语句连在一起，即满足条件时便跳出循环。观察以下程序，注意 break 语句的功能。

【例 3-20】　判断整数 m 是否为素数。

算法设计：

（1）输入任意数据存入整形变量 m 中；

（2）整数 m 不能被 2～$\sqrt{m}$ 范围内的任意数整除，则 m 是素数；

（3）输出是否素数信息。

程序代码：

```c
# include < stdio. h >
# include < math. h >
void main()
{
    int m, i, k;
    scanf(" % d",&m);
    k = sqrt(m);
    for(i = 2;i < = k;i++)
        if(m % i == 0)break;
    if(i > = k + 1)                    /* 全部循环过程中都没出现能将 m 整除的 i */
        printf(" % d is a prime number\n",m);
    else
        printf(" % d is not a prime number\n",m);
}
```

注意：

（1）break 语句对 if-else 的条件语句不起作用。

（2）在多层循环和 switch 结构中，一个 break 语句只能向外跳一层。

（3）在循环语句中，一旦使用了 break 语句，在跳出循环后，通常要做条件判断，从而判断是什么情况退出循环结构的。

3.4.6　continue 语句

continue 语句的作用是跳过循环体中剩余的语句而强行进入下一次循环。continue 语句只用在 for、while、do-while 等循环体中，常与 if 条件语句一起使用，用来加速循环。

【例 3-21】　输出 100～200 不能被 3 整除的数。

程序代码：

```c
# include < stdio. h >
```

```
void main()
{
    int n;
    for(n = 100;n < = 200;n++)
    {
        if( n % 3 = = 0)   continue;
        printf(" % 4d",n);
    }
    printf("\n");
}
```

说明：

continue 语句与 break 语句的区别是：continue 语句只结束本次循环，而不是中止整个循环语句；而 break 语句是中止整个循环过程，不再判断循环条件是否成立。

3.4.7　多重循环

一个循环体内又包含一个完整的循环结构，成为循环的嵌套。内嵌的循环中还可以嵌套循环，这就是多重循环。各种语言中关于循环嵌套的概念都是一样的。

【例 3-22】　以下面形式输出九九乘法表。

$1 \times 1 = 1$
$2 \times 1 = 2$ $2 \times 2 = 4$
$3 \times 1 = 3$ $3 \times 2 = 6$ $3 \times 3 = 9$
……
$9 \times 1 = 9$ $9 \times 2 = 18$ $9 \times 3 = 27$ …… $9 \times 9 = 81$

算法设计：九九乘法表共 9 行，每行列数与行数相同，所以循环中又涉及循环，用双重循环实现，并且内层循环循环次数与外层循环循环变量的值相等。

程序代码：

```
# include < stdio. h>
void main()
{
    int i,j;
    for (i = 1; i < = 9; i++)
    {
        for(j = 1; j < = i; j++)
            printf(" % d × % d = % 2d   ", i, j, i * j);
        printf("\n");
    }
}
```

3.4.8　程序举例

【例 3-23】　输入一个年份，判断它是否是闰年。

算法设计：

(1) 输入年份；

(2) 若年号能被 400 整除或能被 4 整除且不能被 100 整除，则该年号为闰年，否则不是闰年；

（3）输出闰年。

程序代码：

```c
# include < stdio. h>
void main()
{
    int year, leap;
    printf ("Please enter year:\n");
    scanf (" % d", &year);
    if (year % 400 == 0 ‖ year % 4 == 0 && year % 100! = 0)
        printf (" % d is a leap year. \n", year);
    else
        printf (" % d is not a leap year. \n", year);
}
```

程序运行情况：

```
Please enter year:
2008 ✓
2008 is a leap year.
1989 ✓
1989 is not a leap year.
```

【例 3-24】 求 $ax^2 + bx + c = 0$ 方程的解。

算法分析：

（1）a＝0，不是二次方程；

（2）$b^2 - 4ac = 0$，有两个相等实根；

（3）$b^2 - 4ac > 0$，有两个不等实根；

（4）$b^2 - 4ac < 0$，有两个虚根。

程序代码：

```c
# include "math. h"
# include < stdio. h>
void main()
{
    float a, b, c, d, disc, x1, x2, realpart, imagepart;
    printf ("Please enter a, b, c:\n");
    scanf (" % f, % f, % f", &a, &b, &c);        /* 方程系数 */
    printf ("The equation");
    if (fabs(a)< = 1e - 6)                    /* 判别 a = 0 */
      printf ("is not quadratic");
    else
    {
        disc = b * b - 4 * a * c;              /* 判别式 */
        if (fabs(a)< = 1e - 6)               /* 判别式等于 0 */
          printf ("has two equal roots: % 8.4f\n", - b/(2 * a));
        else if (disc > 1e - 6)               /* 判别式大于 0 */
        {
```

```
        x1 = ( - b + sqrt(disc))/(2 * a);
        x2 = ( - b - sqrt(disc))/(2 * a);
        printf ("has distinct real roots: ");
        printf ("x1 = % 8.4f,x2 = % 8.4f\n",x1,x2);
    }
    else                          /* 判别式小于 0 */
    {
        realpart = - b/(2 * a);
        imagpart = sqrt( - disc)/(2 * a);
        printf ("has complex roots:\n");
        printf (" % 8.4f + % 8.4fi\n",realpart,imagpart);
        printf (" % 8.4f - % 8.4fi\n",realpart,imagpart);
    }
  }
}
```

运行结果：

```
Please enter a,b,c:
3,4,5
The equation has complex roots:
 - 0.6667 + 1.1055i
 - 0.6667 - 1.1055i
Please enter a,b,c:
1,2,1
The equation has two equalroots: - 1.0000
```

程序说明：

程序中用 disc 代表 $b^2 - 4ac$，用 fabs(disc)<=1e-6 来判别 disc 的值是否为 0，是因为实数 0 在机器内存储时存在微小的误差，往往是以一个非常接近 0 的实数存放，所以采取的办法是判别 disc 的绝对值(fabs(disc))是否小于一个很小的数，如果小于此数，就认为 disc=0。

【例 3-25】 用 $\pi/4 \approx 1 - 1/3 + 1/5 - 1/7 + \cdots$ 公式求 π 的近似值，直到某一项的绝对值小于 10^{-6} 为止。

程序代码：

```
# include < stdio. h >
# include < math. h >
void main( )
{
    int s;
    float n,t,pi;
    t = 1,pi = 0;n = 1.0;s = 1;
    while(fabs(t)> 1e - 6)
    {
        pi = pi + t;
        n = n + 2;
        s = - s;
        t = s/n;
    }
    pi = pi * 4;
```

```
    printf("pi = % 10.6f\n",pi);
}
```

【例 3-26】 写程序求 $1-3+5-7+\cdots-99+101$ 的值。

程序代码：

```
# include < stdio. h >
void main()
{
    int i,s = 0,f = 1;                    /* i 定义为循环控制变量,s 为求和值 */
    for (i = 1;i < = 101;i + = 2)
    {
        s = s + i * f;
        f = - f;
    }
    printf(" % d",s);
}
```

【例 3-27】 输出 $100\sim200$ 的素数。

程序代码：

```
# include < math. h >
# include < stdio. h >
void main()
{
    int n,i,k,m = 0;
    for(n = 101; n < = 200; n = n + 2)        /* 设置循环 */
    {
        k = sqrt(n);
        for(i = 2;i < = k;i++)
          if(n % i == 0) break;             /* 中止循环 */
        if (i > k)
        {
            m = m + 1;
            printf ("% 4d",n);
            if(m % 5 == 0) printf("\n");      /* 控制每行输出 5 个数 */
        }
    }
    printf("\n");
}
```

【例 3-28】 找出 $1\sim100$ 的所有同构数。

关于同构数的概念及算法设计见例 3-6。

程序代码：

```
# include < stdio. h >
void main()
{
    int m,pm,t;
    for(m = 2;m < = 100;m++)
    {
```

```
        pm = m * m;
        if(m < 10) t = pm % 10;
        else t = pm % 100;
        if(m == t) printf(" % d\n",m);
    }
}
```

【例 3-29】　求出斐波那契数列的前一项与后一项之比的极限的近似值。例如：当误差为 0.0001 时，函数值为 0.618056。

程序代码：

```
# include    < stdio. h>
# include < math. h>
void main( )
{
    float   f1 = 1,f2 = 1,f3;
    float   r1 = 2,r2;
    do
    {
        r2 = r1;
        r1 = f1/f2;
        f3 = f1 + f2;
        f1 = f2;
            f2 = f3;
    }while(fabs(r1 - r2)> 1e - 4);
    printf(" % f\n",r1);
}
```

本章小结

本章学习了程序的控制结构，顺序、选择和循环 3 种基本控制结构是程序设计的基本思想，任何一个复杂的程序设计问题，都可以通过 3 种基本程序结构的组合、嵌套来实现。要充分理解和掌握 C 语言实现选择、循环结构的各种语句的功能和句法要求，会应用到解决实际问题中去。

习题

1. 有 3 个整数 a、b、c，由键盘输入，输出其中的最大数。

2. 有一函数：

$$y = \begin{cases} x & x < 1 \\ 2x - 1 & 1 \leqslant x \leqslant 10 \\ 3x - 11 & x \geqslant 10 \end{cases}$$

编写程序，输入 x 值，输出相应表达式对应的 y 值。

3. 给出一个百分制成绩，要求输出成绩等级 'A'、'B'、'C'、'D'、'E'。90 分以上为 'A'，

80～89 分为 'B'，70～79 分为 'C'，60～69 分为 'D'，60 分以下为 'E'。

4. 给出一个不多于 4 位的正整数，要求：

（1）求出它是几位数；

（2）分别输出每一位数字；

（3）按逆续输出各位数字。例如原数为 1234，则输出 4 3 2 1。

5. 输入两个正整数 m 和 n，求其最大公约数和最小公倍数。

6. 求一个四位数的各位数字的立方和。

7. 计算如下公式的 y 值：y＝1/2!＋1/4!＋…＋1/m!（m 是偶数，m 值由键盘输入）。

8. 求出 1000 以内前 20 个不能被 2，3，5，7 整除的数之和。

9. 找出 1000 以内的所有完数（一个数若恰好等于它的真因子（即除了本身以外的约数）之和，这个数就称为完数，如 6＝1＋2＋3）。

10. 求 $s=1^k+2^k+3^k+\cdots+n^k$ 的值（n 和 k 值由键盘输入）。

11. 求给定正整数 n 以内的所有素数之积（n＜28），n 值由键盘输入。

12. 求 1!＋2!＋3!＋…＋n! 的和，从键盘输入 n 值，并输出运算结果。

13. 输出所有"水仙花数"，所谓"水仙花数"是指一个三位数，其各位数字的立方和等于该数本身。例如，153 是一"水仙花数"，因为 $153=1^3+5^3+3^3$。

14. 输入一行字符，分别统计出其中的英文字符、空格、数字和其他字符个数。

15. 输出以下图案：要求用循环实现。

```
      *
    * * *
  * * * * *
* * * * * * *
  * * * * *
    * * *
      *
```

第4章 函数基础

C 程序是由函数组成的,一个较大的程序一般都分为若干个子程序,每一个子程序实现一个特定的功能,C 语言中子程序是由函数完成的。本章将介绍如何完成函数的定义、函数的调用、函数返回值等知识。

本章要点

➢ 掌握函数定义、函数调用方法及函数返回值。

➢ 掌握函数之间的数据传递方法。

➢ 理解变量的作用域与变量存储类型。

4.1 函数定义

4.1.1 模块与函数

C 语言程序由基本语句和函数组成,每个函数可完成相对独立的功能,按一定的规则调用这些函数,就组成了解决某个特定问题的程序。C 语言程序的结构非常符合结构化程序设计思想。将一个大问题分解成若干个功能模块后,可以用一个或多个 C 语言的函数来实现这些功能模块,通过函数调用来实现完成大问题的全部功能。因此,在 C 语言中,模块化的程序设计是通过设计函数和函数调用实现的。

图 4-1 表示的是一个模块程序结构图,图中的矩形框表示具有单一功能的函数,图中的箭头表示函数的简单调用关系。在结构化程序设计中,通常把函数看成是一个“黑盒”,用户调用时通常只要知道传给函数需加工的数据以及调用函数结束后能得到的结果,至于函数是如何执行的,对调用者来说并不重要,就像调用 printf() 和 scanf() 等系统标准函数时,并不关心函数 printf() 和 scanf() 的具体实现代码。

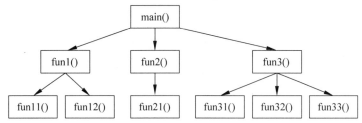

图 4-1　函数模块调用示意

4.1.2　标准库函数

前面已经介绍过一些标准库函数，如输入输出函数、数学函数等，C语言强大的功能依赖于它有丰富的库函数。常用的库函数按功能可以分为字符操作函数、字符串处理函数、标准输入输出函数、数学运算函数、图形函数等。

如果使用库函数，应该在本程序文件开头用#include命令将调用有关库函数时所用到的信息包含到本程序文件中来。例如在前几章中已经用到的命令：

```
# include < stdio. h>
# include < math. h>
```

其中"stdio. h""math. h"等是"头文件"。在stdio. h文件中包含了输入输出库函数所用到的一些宏定义信息，如果不包含"stdio. h"文件中的信息，就无法使用输入输出库中的函数。同样，使用数学库中的函数，就应该在本文件开头使用命令：#include < math. h>。

4.1.3　函数定义

函数必须先定义和声明后才能调用，从函数定义形式的角度看，函数可以分为无参函数和有参函数两类。

1. 无参函数的定义形式

```
类型标识符　函数名()
{
    函数体
}
```

用"类型标识符"指定函数值的类型，即函数被调用后带回来的值的类型。无参函数一般不需要带回函数值，因此可以不写类型标识符，或将函数定义为"空类型"，即定义为"void"类型。看下面的例子：

【例4-1】 输出如下信息：

```
*********************
    一个C语言程序!
*********************
```

程序代码：

```
# include < stdio. h>
void fun1()
{
    printf(" ******************** \n");
}
void fun2()
{
    printf("一个C语言程序! \n");
}
```

```
void main()
{
    fun1();
    fun2();
    fun1();
}
```

函数 fun1 和 fun2 都为无参函数,由于调用函数 fun1 和 fun2 时不需要带回函数值,所以将函数类型定义为"void"类型。

2. 有参函数定义的一般形式

```
类型标识符  函数名(形式参数表)
{
    函数体
}
```

请看下面的例子:

【例 4-2】 计算两个数的和。

问题很简单,在主函数完成两个数的输入,而自定义函数 add 完成两个数的和运算时,把结果返回主函数即可。

程序代码:

```
#include < stdio.h >
float add(float x,float y)              /* 函数定义,x,y 为形式参数 */
{
    float z;
    z = x + y;
    return(z);                          /* 返回函数值给主调函数 */
}
void main()
{
    float a = 100,b = 200,sum;
    sum = add(a,b);                     /* 函数调用,变量 a、b 的值分别传递给形参 x、y */
    printf("sum = %.2f\n",sum);
}
```

程序输出结果:

```
sum = 300.00
```

函数定义分为函数的说明和函数体两部分。

1. 函数的说明

(1)"类型标识符"用来说明函数返回值的类型。当函数的返回值为整型时,也可以不加"类型标识符",因为系统默认的返回值类型为整型。如果函数不提供返回值,可以定义函数类型为空类型,空类型的标识符为 void,如前面的 fun1、fun2 函数。

(2)"函数名"是函数的存在标识,函数名可以是任何合法用户标识符。

（3）形式参数表列用以指明调用函数时，传递给函数的数据个数及类型。函数如有多个参数时，必须在"形式参数表"中对每个参数分别做类型说明。如例 4-2 中对形式参数 x 和 y 的说明形式为"float x,float y"，不能写"float x,y"。

2．函数体

"函数体"是函数定义的主体，包括变量定义和执行的程序语句序列。函数所完成的功能在函数体中由一段程序实现。

如果函数有返回值，则需要用返回语句 return。如例 4-2 中的语句：

```
return(z);
```

执行时，将变量 z 的值返回给主调函数中的调用表达式。

4.1.4　C 源程序的结构

C 语言是一种支持模块化程序设计的语言。一个 C 源程序可由一个主函数和若干个其他函数构成，其中，必须有一个主函数，而且只能有一个主函数，其他函数可有任意多个（可以没有）。

C 程序的执行总是从主函数 main() 开始，在主函数 main() 的执行过程中调用其他函数，其他函数也可以互相调用。同一个函数可以被一个或多个函数调用任意多次。执行完其他函数后返回到主函数 main()，在主函数 main() 中结束整个程序的运行。

现对函数在程序中的使用做几点说明：

（1）一个 C 源程序文件由一个或多个函数组成。一个源程序文件是一个编译单位，即以源文件为单位进行编译，而不是以函数为单位进行编译。

（2）一个 C 程序由一个或多个源程序文件组成。

（3）C 程序的执行从 main 函数开始，调用其他函数后流程回到 main 函数，再在 main 函数中结束整个程序的运行。

（4）所有函数都是平行的，即在定义函数时是互相独立的，一个函数并不从属于另一函数，即函数不能嵌套定义。函数可以互相调用，但不能调用 main() 函数。

（5）从用户的角度看，函数有两种：

① 标准库函数，由系统提供的。

② 用户自定义函数，由程序设计者根据专门需要自己定义的。

（6）从函数的定义形式看，函数分为无参函数和有参函数两类。无参函数是指在调用函数时，主调函数不向被调用函数传递参数；有参函数是指在调用函数时，主调函数和被调用函数之间有参数传递。

4.1.5　函数参数

在调用函数时的多数情况下，主调函数和被调用函数之间有数据传递关系，即有参函数。函数参数分为形式参数和实际参数两种：在定义函数时函数名后面括号中的变量称为形式参数；在主调函数中调用一个函数时，函数名后面括号中的变量称为实际参数。在函数调用时如发生数据传递，即是主调函数向被调函数传递数据，更具体地说是实际参数向对应的形式参数传递数据。

关于形参和实参的说明：

（1）定义函数时，必须指定形参的类型。

对形参类型所作说明，一般形式是在"形参表列"中说明形参类型。例如：

```
int max(int x,int y)
   {函数体}
```

也可以先只给出"形参表列"，再另用语句对形参类型做说明。例如：

```
int max(x,y)
int x,y;
   {函数体}
```

又如：

```
float fun(float a,float b,int c, int d)
   {函数体}
```

可以写成

```
float fun(a,b,c,d)
   float a,b;
   int c,d;
      {函数体}
```

这两种对形参类型做说明的方法等价，都可以使用。

（2）定义函数时指定的形参变量，在未出现函数调用时，它们并不占用内存中的存储单元。只有在发生函数调用时函数中的形参才被分配内存单元。在调用结束后，形参所占的内存单元即被释放。

（3）实参可以是常量、变量或表达式，但要求它们有确定的值。在函数调用时将实参的值赋给形参变量。

（4）实参与形参的类型应相同或赋值兼容。

C 语言规定，实参变量对形参变量的数据传递是"值传递"，即单向传递，只由实参传给形参，而不能由形参传回来给实参。在内存中，实参单元与形参单元是不同的单元。

4.2 函数调用与返回值

C 语言程序的执行是从主函数 main()开始，在主函数 main()的执行过程中调用其他函数，其他函数也可以互相调用，执行完其他函数后返回到主函数 main()，在主函数 main()中结束整个程序的运行。

C 语言的函数遵循先定义，后调用的原则。

4.2.1 函数调用

1. 函数调用的形式

函数调用的一般形式为：

函数名(实参表列)

如果函数定义中包含有形式参数，则在函数调用中应包含实际参数(简称实参)，而且实参表列中的实参个数、数据类型及其顺序必须与函数定义时的形参一致。实参可以是常量、变量和表达式。如果调用无参函数，则实参表列可以没有，但括号不能省略。执行函数调用语句时，首先计算每个实参表达式的值，并传递给对应的形参，然后执行该函数的函数体，函数体执行后返回到主调函数中调用下一语句继续执行。

2. 函数调用的方式

按函数在程序中出现的位置来分，可以有以下 3 种函数调用方式：

(1) 函数语句

把函数调用作为一个语句。例如：

```
fun1();
printf("\n    I am  happy!");
scanf("%d",&n);
```

以上 3 个语句都是函数调用作为一个语句，只不过后面两个是调用标准函数。以上 3 个函数调用语句不要求带回值，只要求函数完成一定的操作。

(2) 函数表达式

函数出现在一个表达式中，这种表达式称为函数表达式。这时要求函数带回一个确定的值以参加表达式的运算。例如：

【例 4-3】 计算组合 $p = C_m^n$。

求解该计算问题需计算 3 个阶乘：m!、n! 和 (m−n)!，为此定义函数 fun 实现阶乘计算的功能。在主函数完成两个正整数的输入，调用函数 fun 完成计算问题。

程序代码：

```
#include <stdio.h>
long fun(int x)
{
    int n;long t = 1;
    for(n = 1;n <= x;n++)
        t = t * n;
    return(t);
}
void main()
{
    int m,n,p;
    scanf("%d%d",&m,&n);
    p = fun(m)/(fun(n) * fun(m - n));      /* 3 次函数调用 fun */
    printf("p = %d\n",p);
}
```

运行时输入：

10 3↙

运行结果:

p = 120

通过例 4-3 可以看到,在程序设计时恰当地定义函数使整个程序结构清晰,便于阅读理解,还可以减少程序代码数量。

【例 4-4】 求 2～100 的素数之和。

程序代码:

```
# include < stdio. h >
int fun( int x)                           / * 判定 x 是否为素数,如是返回 x,否则返回 0 * /
{
    int k;
    for( k = 2; k <= x/2; k++)
        if( x % k == 0) { x = 0; break; }
    return x;
}
void main( )
{
    int k, sum = 0;
    for( k = 2; k < 100; k++)
        sum = sum + fun( k);
    printf(" sum = % d\n", sum);
}
```

运行结果:

sum = 1060

函数调用 fun(k)是表达式的一部分。

(3)函数参数

将函数调用返回值作为下一次函数调用的参数。实际上,函数调用作为函数的参数,也是函数表达式的一种形式,是函数表达式出现在函数的实参中,看下面的例子。

【例 4-5】 输入 3 个整数,输出其最大值。

程序代码:

```
# include < stdio. h >
int max( int x, int y)                          / * 求 x, y 中较大者并返回 * /
{
    if( x >= y) return x ;
    else return y;
}
void main( )
{
    int a, b, c;
    scanf(" % d, % d, % d", &a, &b, &c);
    printf(" max = % d\n", max(max(a,b),c)); / * 函数调用返回值作为实参 * /
}
```

运行时输入：

12,100,88↙

运行结果：

max = 100

3. 函数的嵌套调用

在一个函数内部不可以定义另一个函数，即函数不可以嵌套定义。但函数可以进行嵌套调用，即可以在一个函数内部调用其他函数。

如图 4-2 所示，主函数 main()调用函数 a()，而函数 a()又调用函数 b()，这种函数间的调用是常见的，称为函数嵌套调用。

图 4-2　函数的嵌套调用

【例 4-6】　求 $p=1^1+2^2+3^3+\cdots+n^n$ 的值。

程序代码：

```
# include < stdio. h >
long   f( int x)                          /* 函数 f()的功能为计算 xˣ */
{
    int k;   long t = 1;
    for(k = 1;k < = x;k++)
        t = t * x;
    return t;
}
long h( int n)
{
    int k;
    long s = 0;
    for(k = 1;k < = n;k++)
        s = s + f(k);                     /* 函数 h()调用函数 f() */
    return s;
}
void main()
{
    int n;
    scanf(" % d",&n);
    printf("\n p = % ld\n",h(n));         /* 主函数 main()调用函数 h() */
}
```

运行时输入：

5

运行结果：

p = 3413

程序说明：本例中主函数 main 调用 h 函数，h 函数调用 f 函数，是函数嵌套调用的情形。

4.2.2　函数的返回值

一般地，通过函数调用使主调函数能得到一个确定的值，这就是函数的返回值。函数的返回值是通过函数中的 return 语句获得的。return 语句的形式：

return(表达式);
return 表达式;

以上两种形式完全等价，其功能是将程序的控制流程从被调函数返回到主调函数，并将表达式的值返回给主调函数。

如果只想将程序的控制流程从被调函数返回到主调函数，而不需要确定的返回值，则 return 语句的形式：

return;

关于函数返回值的说明：

（1）函数值的类型

在定义函数时指定函数值的类型，它决定了函数返回值的类型。例如：

```
int max(iny x, int y)      函数值为整型
float add(float x, float y)   函数值为单精度型
```

在定义函数时对函数值说明的类型一般应该和 return 语句中的表达式类型一致。

（2）在 C 语言中，凡不加类型说明的函数，系统自动按整型处理。例如在例 4-5 中 max 函数说明部分的类型 int 可以省略，用 Turbo C 2.0 编译程序时能正常通过，但用 Visual C++ 6.0 编译程序时不能通过，因为 Visual C++ 6.0 要求所有函数都必须指定函数类型。

（3）如果函数值的类型和 return 语句中表达式的值的类型不一致，则以函数类型为准。对数值型数据，可以自动进行类型转换，即函数类型决定返回值的类型。

【**例 4-7**】　求两个数的最大值（注意函数的类型和返回值的类型）。

```
# include < stdio. h >
int max(float x, float y)      /* 函数类型为整型，返回值 z 为浮点型 */
{
    float z;
    z = x > y?x:y;
    return(z);
}
void main()
{
    float a,b,c;
```

```
scanf(" % f, % f",&a,&b);
c = max(a,b);
printf("Max is % f\n",c);
}
```

程序运行情况：

运行时输入：

1.5,2.5↙

运行结果：

Max is 2.000000

程序说明：

程序运行时输入的是浮点型数，函数调用时参数传递过程及在函数 max 中的处理结果 z＝2.5 都是浮点型数，但返回值是整型数 2，原因是函数 max 的类型为整型。

（4）如果被调用函数中没有 return 语句，则执行完该函数体的最后一条语句返回主调函数。此时也带回一个数值，但带回的是一个不确定的值。

（5）为了明确表示"不带回值"，可以用"void"定义函数为"空类型"。为使程序减少出错，保证正确调用，凡不要求带回值的函数，应定义为"void"类型。这样系统就保证不使函数带回任何值，也禁止在主调函数中使用函数的返回值。

4.3 变量的作用域与存储属性

变量的作用域是指变量的有效范围，它分为两类：变量仅在函数内有效（局部变量）和在整个程序中有效（全局变量）。而变量的存储属性是指变量在内存中的存储方式，变量的存储有两种不同的方式：静态存储方式和动态存储方式。

4.3.1 局部变量与全局变量

1. 局部变量

在一个函数内部定义的变量是内部变量，它只在本函数范围内有效，也就是说只有在本函数内才能使用它们，在此函数以外是不能使用这些变量的，这样的变量称为"局部变量"。

例如：

```
int fun (int x)
{
    int y,z;    x、y、z 有效
    ⋮
}
void main()
{
    int p,x,y;
    ⋮        p、x、y 有效
}
```

上述程序段中定义的变量都是函数内部定义的,都是局部变量。

说明:

(1)主函数 main 中定义的变量也只在主函数中有效,不能因为在主函数中定义而在整个文件或程序中有效。主函数也不能使用其他函数中定义的变量。

(2)不同函数中可以使用相同名字的变量,它们代表不同的对象,互不干扰。

(3)形式参数也是局部变量,其他函数不能使用。

(4)在一个函数的内部,可以在复合语句中定义变量,这些变量只在本复合语句中有效,这种复合语句也可称为"分程序"或"程序块"。

```c
# include < stdio. h >
void main( )
{
    float x,y;
    scanf(" % f, % f",&x,&y);
    if(x < y)
    {
        float t;
        t = x;          ⎫
        x = y;          ⎬ t 在此范围内有效
        y = t;          ⎭
    }
    printf(" % f, % f\n",x,y);
}
```

变量 t 只在复合语句中有效,离开复合语句该变量就无效,释放内存单元。

2. 全局变量

在函数之外定义的变量称为外部变量,外部变量也称为全局变量。全局变量可以为本文件中其他函数所共用。它的有效范围为:从定义变量的位置开始到本源文件的结束。

例如:

```c
int m = 3,n = 6;   /* 定义全局变量 m,n */        ⎫
float fun1( int a)                              │
{                                               │
    int b,c;                                    │
    ⋮                                           │
}                                               │
int s,t;           /* 定义全局变量 s,t */    ⎫  │
int fun2( int x, int y)                      │  │ m、n 的作用范围
{                                            │  │
    int i,j;                                 │  │
    ⋮                                        │ s、t 的作用范围
}                                            │  │
void main( )                                 │  │
{                                            │  │
    int m,n;                                 │  │
    ⋮                                        ⎭  ⎭
}
```

　　m、n、s、t 都是全局变量，但它们的作用范围不同，在函数 main 和 fun2 中可以使用全局变量 m、n、s、t，但在函数 fun1 中只能使用全局变量 m、n，而不能使用全局变量 s、t。

　　说明：

　　(1) 全局变量的作用：增加了函数间数据联系的渠道。由于函数的调用只能带回一个返回值，因此有时可以利用全局变量增加与函数联系的渠道，从函数得到一个以上的值。请看下面的例子：

　　【例 4-8】　写一个函数，求出 3 个数的平均值、最大值和最小值。

```c
# include < stdio. h >
float max, min;                    /* 定义 max、min 两个全局变量 */
float fun(float x, float y, float z)
{
    float average;
    average = (x + y + z)/3;
    if(x > y)
    {max = x; min = y; }
    else
    {max = y; min = x; }
    if(z > max)
    max = z;
    if(z < min)
    min = z;
    return average;
}
void main()
{
    float a, b, c, aver;
    scanf(" % f % f % f", &a, &b, &c);
    aver = fun(a, b, c);
    printf("max = % .2f\nmin = % .2f\naver = % .2f\n", max, min, aver);
}
```

程序运行情况：

运行时输入：

3 5 7↙

运行结果：

```
max = 7.00
min = 3.00
average = 6.00
```

程序说明：

　　上面的例子是利用全局变量，经函数调用得到一个以上的值。其方法是利用全局变量的全程有效性，在函数调用过程中求得到的、主调函数需要的、多于一个以上的值保存到全局变量中，如本例将求得到最大值、最小值分别保存到全局变量 max、min 中。函数调用结束后主调函数再引用全局变量即可实现获得多个值。

（2）如果全局变量在文件开头定义，则在整个文件范围内都可以使用该全局变量，如果不在文件开头定义，按上面规定作用范围只限于定义点到文件终了。如果在定义点之前的函数想引用该全局变量，则应该在该函数中用关键字 extern 做"外部变量说明"。表示该变量在函数的外部定义，在函数内部可以使用它们。

全局变量定义和外部变量说明的区别：

① 全局变量的定义只能有一次，它的位置在所有函数之外，而同一文件中的全局变量的说明可以有多次，它的位置在函数之内（哪个函数要用就在哪个函数中说明）。

② 系统根据全局变量的定义（而不是根据外部变量的说明）分配存储单元。对全局变量的初始化只能在"定义"时进行，而不能在"说明"中进行。

③ 所谓"说明"的作用是：声明该变量是一个已在外部定义过的变量，仅仅是为了引用该变量而做的"声明"。原则上，所有函数都应当对所有的外部变量做说明（用 extern），只是为了简化起见，允许在全局变量的定义点之后的函数可以省略这个"说明"。

（3）如果在同一个源文件中，全局变量与局部变量同名，则在局部变量的作用范围内，全局变量不起作用。看下面的程序段：

```c
#include <stdio.h>
int m = 5;
int fun(int x)
{
    int t,n = 3,m = 9;
    t = m + n + x;              /* 表达式中的 m 为局部变量,值为 9 */
    return t;
}
void main()
{
    int n = 1,sum;
    sum = fun(n + m);          /* 实参中的 m 为全局变量,值为 5 */
    printf("sum = %d\n",sum);
}
```

运行结果：

```
sum = 18
```

本程序的目的是说明全局变量与局部变量同名时，在局部变量的作用范围内，全局变量不起作用，使用的是局部变量。

4.3.2 变量的存储属性

从变量值存在的时间（即生存期）角度来分，变量的存储分为静态存储方式和动态存储方式两种。

所谓静态存储方式，是指在程序运行期间分配固定的存储空间的方式，而动态存储方式则是在程序运行期间根据需要进行动态的分配空间的方式。

C 语言程序占用的存储空间通常分为 3 部分：程序区、静态存储区和动态存储区。程序区主要是用于存放执行程序的代码；静态存储区主要是用于存放静态变量、全局变量和外部变量；动态存储区主要是用于存放函数形式参数、自动变量、函数调用时的现场保护和返回地址等。

在 C 语言中，变量的定义包括 3 方面的内容：变量的数据类型，如 int、char 和 float 等；变量的作用域，即变量起作用的范围，如前所述分为局部变量和全局变量，是由定义变量的位置决定的；变量的存储类型，即变量在内存中的存储方式，将影响变量值存在的时间（生存期）。

因此，变量定义的完整形式为：

存储类别   数据类型   变量名[= 初始化表达式], …

例如：

```
static int a = 100;          / * 定义静态局部变量 a, 并置初值 100 * /
auto float x, y;             / * 定义自动局部变量 x, y * /
```

所以，C 语言中的变量有数据类型和存储类别两种属性，而存储类别共有 4 种：自动型（auto）、静态型（static）、外部型（extern）、寄存器型（register）。

4.3.3 局部变量的存储类型

在前所述，在一个函数内部定义的变量是局部变量，它只在本函数范围内有效。局部变量的存储类型有自动型（auto）、静态型（static）、寄存器型（register）3 种。

1. 自动变量

函数中的局部变量，如不做专门声明为 static 存储类别，都是动态的分配存储空间的，数据存储在动态存储区中。函数中的形参和在函数中定义的变量，在调用函数时系统给它们分配存储空间，在函数调用结束时就释放这些存储空间，因此这类局部变量称为自动变量。自动变量用关键字 auto 做存储类型的说明。例如：

```
int fun( int x)
{ auto int a, b = 5;   / * 定义为自动变量 * /
      ⋮
}
```

其中，x 为形参，a、b 为自动变量。执行完函数 fun 后，自动释放 x、a、b 所占的存储单元。

实际上，关键字"auto"可以省略，auto 不写则隐含为"自动存储类型"，属于动态存储方式。程序中的大多数变量属于自动变量，前面介绍的函数中定义的变量都没有声明为 auto，其实都属于自动变量。

2. 静态局部变量

如果希望在函数调用结束后仍然保留函数中定义的局部变量的值，则可以将该局部变量定义为静态局部变量。定义静态局部变量时，在所定义变量的类型标识符前用关键字 static 加以说明。其定义的一般形式为：

static 类型标识符　变量名表;

例如:

static int a,b;

对局部静态变量的说明:

(1) 局部静态变量属于静态存储类别,在静态存储区内分配存储单元。在程序整个运行期间都不释放。而自动变量(即局部动态变量)属于动态存储类别,占动态存储区空间,函数调用结束后即释放。

(2) 局部静态变量是在编译时赋初值的,即只赋初值一次,在程序运行时它已有初值,以后每次调用函数时不再重新赋初值而只是保留上次函数调用结束时的值,其值保持连续性。而对自动变量赋初值,不是在编译时进行的,而是在函数调用时进行,每调用一次函数重新赋给一次初值,相当于执行一次赋值语句。

(3) 如果在定义静态局部变量时不赋初值的话,则编译时系统自动赋初值为 0,而对自动变量来说,如果不赋初值则它的值是一个不确定的值。

(4) 虽然静态局部变量在函数调用结束后仍然存在,但其他函数是不能引用它的。

通过下面的简单例子了解静态局部变量的特点。

【例 4-9】 考察静态局部变量的值。

```c
# include < stdio. h >
int fun( int x)
{
    static int y;
    int z = 1;
    z + = 2;
    y + = x + z;
    return(y);
}
void main( )
{
    int k;
    for(k = 1;k < = 3;k++)
    printf(" % 4d",fun(k));
}
```

运行结果:

4   9   15

程序说明:

在第 1 次调用函数 fun 时,静态局部变量 y 由系统自动赋初值为 0,调用结束时 y=4。由于 y 是静态局部变量,在调用结束后,它不释放,仍保留 y=4,但自动变量 x、z 在调用结束后被释放。在第 2 次调用函数 fun 时,自动变量 z 重新定义并赋初值 1,而静态局部变量不重新定义,其值为第 1 次调用结束时的值 4,所以第 2 次调用函数 fun 结束时 y=9。同样道理,第 3 次调用函数 fun 结束时 y=15。

3. 寄存器变量

一般情况下,变量(包括动态存储方式和静态存储方式)的值存放在内存中。当程序中用到一个变量的值时,由控制器发出指令将内存中的值送到运算器中,经过运算器进行运算,如果需要存数,再从运算器将数据送到内存中存放。

如果有一些变量使用频繁,为提高执行效率,C语言允许将局部变量的值放在CPU中的寄存器中,需要时直接从寄存器取出参加运算,不必再到内存中去存储,由于对寄存器的存取速度远高于对内存的存取速度,这样就可以提高执行效率。这种变量叫"寄存器变量",用关键字register做说明。下面的例子中用到了寄存器变量。

【例4-10】 计算并输出1~n阶乘的值。

```c
# include < stdio. h>
long fun( int x)
{
    register long k,t = 1;          /* 定义寄存器变量 */
    for( k = 1; k <= x; k++)
        t = t * k;
    return t;
}
void main()
{
    int n, i;
    scanf(" % d", &n);
    for( i = 1; i <= n; i++)
        printf(" % d! = % ld\n", i, fun( i));
}
```

在函数fun中定义的局部变量k、t是寄存器变量,如果n的值较大,则能节省执行时间。关于寄存器变量需做如下说明:

(1) 程序中只能定义整型寄存器变量(包括char型);

(2) 只有局部自动变量和形式参数可以定义为寄存器变量,局部静态变量和全局变量不可以定义为寄存器变量;

(3) 一个计算机系统中的寄存器数目有限,不能定义任意多个寄存器变量。

4.4　程序举例

【例4-11】 求给定正整数m以内的素数之和。例如:当m=20时,函数值为77。

```c
# include  < stdio. h>
int fun( int m)
{
    int i, k, s = 0;
    for( i = 2; i <= m; i++)
    {
        for( k = 2; k < i; k++)
```

```
            if(i % k == 0)break;
        if(k == i)s = s + i;
    }
    return s;
}
main()
{
    int y;
    y = fun(20);
    printf("y = % d\n",y);
}
```

【例 4-12】 求一个四位数的各位数字的立方和。

```
# include  < stdio. h >
int fun( int n)
{
    int d,s = 0;
    while (n > 0)
    {
        d = n % 10;
        s + = d * d * d;
        n/ = 10; }
    return s;
}
main()
{
    int k;
    k = fun(1234);
    printf("k = % d\n",k);
}
```

【例 4-13】 从低位开始取出长整型变量 s 奇数位上的数,依次构成一个新数放在 t 中。例如:当 s 中的数为 7654321 时,t 中的数为 7531。

```
# include < stdio. h >
long fun (long s, long t)
{
    long sl = 10;
    t = s % 10;
    while(s > 0)
    {
        s =  s/100;
        t =  s % 10 * sl  + t;
        sl =  sl  *  10;
    }
    return t;
}
main()
{
    long s,  t = 0, m;
```

```
        printf("\nPlease enter s:"); scanf("%ld", &s);
        m = fun(s,t);
        printf("The result is: %ld\n", m);
}
```

【例 4-14】　编写函数判断一个整数 m 的各位数字之和能否被 7 整除,可以被 7 整除则返回 1,否则返回 0。调用该函数找出 100～200 满足条件的所有数。

```
# include  < stdio. h >
int sub( int m)
{
        int k, s = 0;
        do
        {
                s = s + m % 10;
                m = m/10;
        }
        while( m! = 0);
        if( s % 7 == 0)
                k = 1;
        else
                k = 0;
        return( k);
}
main( )
{
        int i;
        for( i = 100; i < = 200; i++)
            if( sub( i) == 1)   printf("%4d", i);
}
```

【例 4-15】　求出斐波那契数列的前一项与后一项之比的极限的近似值(当误差为 0.0001 时,函数值为 0.618056)。

```
# include  < stdio. h >
float fun( )
{
        float f1 = 1, f2 = 1, f3;
        float r1 = 2, r2;
        do
        {
                r2 = r1;
                r1 = f1/f2;
                f3 = f1 + f2;
                f1 = f2;
                f2 = f3;
        }
        while( fabs( r1 - r2) > 1e - 4);
        return r1;
}
main( )
```

```
{
    printf("y = % f\n",fun());
}
```

【例 4-16】　调用函数 fun 判断一个三位数是否"水仙花数"。在 main 函数中从键盘输入一个三位数,并输出判断结果。

```
# include  < stdio. h>
int fun( int n)
{
    int bw,sw,gw;
    bw = n/100;
    sw = (n − bw * 100)/10;
    gw = n % 10;
    if(n == bw * bw * bw + sw * sw * sw + gw * gw * gw)
        return 1;
    else
        return 0;
}
main()
{
    int n,flag;
    scanf(" % d",&n);
    flag = fun(n);
    if(flag)
      printf(" % d 是水仙花数\n",n);
    else
      printf(" % d 不是水仙花数\n",n);
}
```

本章小结

　　模块化是现代程序设计的重要原则,一个复杂问题总是被分解为多个简单模块才能使问题求解更加方便,各个子模块之间需要尽量保持独立,模块之间的联系通过函数参数和返回值及全局变量实现。

　　C 语言实现模块化的途径是函数。在程序中使用函数,增加了程序的可读性,使程序在编写时更加简单,模块性更强。本章详细介绍了在 C 程序中使用函数的基本方法。

　　函数定义及调用部分,介绍了函数定义的格式,主要有无参和有参两种,在调用时强调函数返回值应与函数类型说明一致,若无返回值应定义为 void 类型。

　　在数组作函数参数时,有两种形式,一种是数组元素作函数实参,用法与变量相同,另一种是数组名作实参和形参,传递的是数组的首地址。

　　数据的存储类别分为两大类,静态存储类和动态存储类。函数中的局部变量如不做特殊说明,都是动态分配存储空间,如做 static 说明,将称为局部静态存储变量。函数中的全局变量在函数外部定义,编译时分配在静态存储区。

习题

1. 编写一个函数，判断整数 m 的各位数字之和能否被 7 整除。
2. 输出 50～100 的所有素数，其中判断一个数是否为素数用函数完成。
3. 编写一个函数，求正整数 m 以内的素数之和。
4. 编写一个函数，计算整数 n 的所有因子之和（不包括 1 与自身）。
5. 编写一个函数，输入一个八进制数，返回其对应的十进制数。
6. 编写一个函数，求表达式的和（n 的值由主函数输入）。

$$1-1/2+1/3-1/4+\cdots+1/m$$

7. 编写一个函数，求一个 n 位自然数的各位数字的积（n 是小于 10 的自然数）。

数组与指针

本章将介绍两种重要的数据类型——数组与指针。数组是具有相同数据类型且按一定次序排列的一组变量的集合,这些变量在内存中的存储位置是连续的,称为数组元素。数组有统一的名字叫作数组名,用数组名和下标来唯一确定数组中的元素。指针是C语言中一个重要的概念,是C语言区别于其他程序设计语言的重要特征之一。利用指针可以直接对内存地址中的数据进行快速处理、实现函数间的数据通信、能方便地使用数组和字符串。熟练地使用指针可以使C语言编写的程序简洁、紧凑、高效、应用效果好。

本章要点

➢ 掌握一维数组、二维数组及字符数组的定义、初始化及元素引用方法。

➢ 掌握求最大值、最小值及排序、查找等常用算法。

➢ 掌握字符数组的输入与输出、字符串处理函数及对字符串处理的算法。

➢ 掌握指针变量的定义和使用。

➢ 掌握利用指针的使用数组和字符串。

5.1 数组的定义和引用

在解决实际问题时,经常会遇到对大量的类型相同的数据进行统一处理的情况,例如,对班级全体学生的考试成绩进行排序处理;对若干个统计数据做均值、方差计算等。解决这类问题如不用数组,每个学生的成绩都用简单变量来存储,就需要很多变量,程序中引用这些变量将很烦琐,给程序设计带来极大不便。

数组按下标个数分类有一维数组、二维数组和多维数组,本章只介绍一维数组和二维数组。数组是数据类型相同的一组数,和变量一样,数组也必须先定义后使用。本节介绍数组的定义、初始化及引用方法。

5.1.1 一维数组的定义与引用

1. 一维数组的定义

一维数组的定义形式为:

数据类型 数组名[常量表达式];

例如:

```
int a[10];
```

它表示定义了一个名为 a 的数组，该数组有 10 个元素，有时也称数组的长度为 10，这 10 个元素分别为 a[0],a[1],a[2],a[3],…,a[9]，其存放的数据类型为整型。

又如：

```
float x[20];
```

所定义的数组 x 有 20 个元素，元素分别为 x[0],x[1],x[2],…,x[19]，相当于同时定义了 20 个单精度浮点型变量。

说明：

(1) 数据类型用来说明数组元素的类型：int,char,float 或 double。

(2) 数组名的命名应遵守标识符的命名规则。

(3) 数组名后是用方括号括起来的常量表达式。常量表达式表示的是数组元素的个数，即数组的长度。常量表达式中可以包括常量和符号常量，不能包含变量，因为 C 语言规定数组不能动态定义。如下面都是正确的数组定义：

```
#define N 10
int a[2+8],b[2*5],c[N],d[N+5];
```

而下面的数组定义是非法的：

```
int n=10;
int a[n],b[n+5];
```

(4) 数组元素的下标从 0 开始。

在上面定义的数组 a 中，该数组有 10 个元素，第一个元素是 a[0]，而不是 a[1]，最后一个元素是 a[9]，而不是 a[10]。

(5) 数组元素在内存中是连续存储的，其形式如下：

a[0]	a[1]	a[2]	a[3]	a[4]	a[5]	a[6]	a[7]	a[8]	a[9]

数组所占用的内存空间的字节数为：

$$数组长度 \times sizeof(数据类型)$$

如数组 a 在内存中占的空间：$10 \times sizeof(int) = 10 \times 4B = 40B$

(6) 数组名是地址常量，代表整个数组所有元素在内存中存储的起始地址，称为数组的首地址。

2. 一维数组的初始化

数组的初始化是指在定义数组时给数组元素赋初值。当系统为所定义的数组在内存中开辟了一连续存储单元时，这些存储单元中并没有确定的数值，欲使数组元素有一确定的值，可以在程序中用赋值语句或输入函数来实现，也可以在定义数组时给数组元素指定初始值。

一维数组初始化的格式为：

数据类型 数组名[常量表达式] = {初值列表};

例如：

```
int a[5] = {2,4,6,8,10};
```

其作用是在定义数组的同时将常量 2、4、6、8、10 分别存入数组元素 a[0]、a[1]、a[2]、a[3]、a[4]中。

说明：

（1）初值列表可以是数值型常量、字符常量或字符串，初值必须依次放在大括号｛｝内，各值之间用逗号隔开。

（2）可以只给部分数组元素赋初值。例如：

```
int  a[10] = {1,2,3,4,5};
```

数组 a 有 10 个元素，但只提供 5 个初值分别赋给前 5 个元素，后 5 个元素由系统自动赋值 0。

（3）在进行数组的初始化时，｛｝中值的个数不能超过数组元素的个数。例如下面是一种错误的数组初始化方式：

```
int  a[5] = {1,2,3,4,5,6,7,8};
```

（4）在给数组所有元素赋初值时，可以不指定数组长度，由系统根据初值的个数来确定数组的长度。例如：

```
int  a[ ] = {1,2,3,4,5};
```

系统会自动定义数组 a 的长度为 5。

（5）定义数组时不进行初始化，则该数组元素的值是不确定的。如果欲将数组所有元素的初值置为 0，可以采用如下方式：

```
int  a[10] = {0};
```

3. 一维数组元素的引用

C 语言规定数组不能以整体形式参与数据处理，只能逐个引用数组元素。一维数组的引用方式为：

数组名[下标表达式];

其中"下标表达式"可以是整型常量、整型变量或整型表达式，其值表示数组中某一元素的顺序号。假如有定义：

```
int a[10] = {5,8,2,6,9},i = 2;
a[5] = 12;
a[3 + 4] = 8;
a[i + 6] = 20;
a[9] = a[1] + a[i] + a[i + 2];
```

以上都是正确的表达式。

如果想将 1,2,3,…,10 依次存入数组 a 中,可通过下面循环来实现:

```
for(k = 0;k < = 9;k++)
    a[k] = k + 1;
```

也可以通过下面循环来实现对数组 a 中元素的输入:

```
for(k = 0;k < = 9;k++)
    scanf(" % d",&a[k]);
```

通过上述关于数组元素的引用,我们领悟到对多个数据类型相同的数据进行操作时使用数组是非常方便的。

说明:

(1) 只能逐个引用数组元素,而不能一次引用整个数组。

(2) 可以像使用普通变量一样来使用数组元素,数组元素可以出现在表达式的任何地方。在对数组各元素进行使用时,可通过下标表达式的值,利用循环的办法来操作数组。例如:

```
int a[5] = {5,3,8,6,9},k,s = 0;
for(k = 0;k < 5;k++)
    s = s + a[k];
```

实现对数组 a 中所有元素求和。

(3) 数组的长度和下标是两个完全不同的概念。如 int a[10];表示数组 a 有 10 个元素,只能有效引用 a[0],a[1],a[2],…,a[9]这 10 个元素。如果程序中出现对 a[10]的引用,这时 C 语言的编译系统不会出错,但 a[10]的值是不确定的,也不是用户所需要的。这一点对初学者来说在应用中常出错,要格外注意。

(4) 数组中的元素相当于一个变量,同变量一样可以作函数的实参调用函数。用数组元素作实参,是将数组元素的值传递给对应的形参。

(5) 数组名不同于数组元素。数组名代表整个数组所有元素在内存中存储的起始地址,称为数组的首地址,是地址常量。数组名可以作函数参数,函数调用时是把数组的首地址传给被调函数,此时要求实参数组与对应的形参数组数据类型必须相同,而形参数组可以不指定大小。

4．一维数组应用举例

【例 5-1】 输入 10 个整数存入数组中,找出其中的最大值。

算法设计:

(1) 在主函数 main()定义含 10 个元素的一维数组 a,输入 10 个整数存入其中;

(2) 在函数 fun()中实现求最大值:先假设第一个元素 x[0]为最大值元素存入 max 中,然后将数组余下元素 x[k](k=1,2,3,…,9)依次与 max 比较,如 x[k]的值比 max 的值大就做赋值 max=x[k],最终 max 的值即为最大值,并返回主函数 main();

(3) 在主函数 main()中输出 max 的值。

程序代码:

```
# include < stdio. h>
int fun(int x[ ], int n)              /*  形参数组 x 不需指定大小  */
{
    int k,max;
    amx = x[0];
    for(k = 1;k < n;k++)
        if(x[k]> max) max = x[k];
    return(amx);
}
void main( )
{
    int a[10],max,i;
    printf("input 10 numbers: \n");
    for(i = 0;i < 10;i++)
        scanf(" % d",&a[i]);
    max = fun(a,10);               /*  数组名 a 作函数参数  */
    printf("the max number: \n");
    printf("max = % d,m = % d \n",max);
}
```

程序运行情况：

```
input 10 numbers:
8   5   6   20   1   24   35   9   16   17  ↙
the max number:
max = 35
```

求若干个数的最大值问题，好比是若干个人打擂台，先一人上台（暂时为擂主，max＝a[0]），余下的人依次攻擂，每次的胜者暂时为擂主（ if(a[i]> max) max＝a[i];）最后留在台上的人为真正的擂主（最终保留在 max 中的值为这些数的最大值）。

求若干个数的最小值的算法类似，请读者自己完成。

【例 5-2】　计算 n 个数 $x_1, x_2, \cdots, x_n$ 的方差 S^2。方差公式如下：
$$S^2 = ((x_1 - x_0)^2 + (x_2 - x_0)^2 + \cdots + (x_n - x_0)^2)/n$$
其中 $x_0 = (x_1 + x_2 + \cdots + x_n)/n$

方差是各个数据分别与其平均数之差的平方的和的平均数，是一组数据离散程度的度量。在许多实际问题中，研究方差即偏离程度有着重要意义，方差越小，代表这组数据越稳定，方差越大，代表这组数据越不稳定。

算法设计：

（1）在主函数 main()定义含 n 个元素的一维数组 a，输入 n 个数存入其中；

（2）在函数 fun()中先利用公式求 $x_0 = (x_1 + x_2 + \cdots + x_n)/n$，再利用公式求 $S = ((x_1 - x_0)^2 + (x_2 - x_0)^2 + \cdots + (x_n - x_0)^2)/n$，最后将 S 返回主函数 main()；

（3）在主函数 main()中输出 S 的值。

这里假设求 10（n＝10）个实数的方差：

程序代码：

```
# include < stdio. h>
float fun(float x[ ], int n)
```

```
{
    float x₀ = 0,S = 0;                    /*用变量 S 代表方差 S2 */
    int k;
    printf("input 10 numbers: \n");
    for(k = 0;k < 10;k++)
        x₀ = x₀ + x[k];
    x₀ = x₀/n;
    for(k = 0;k < 10;k++)
        S = S + (x[k] - x₀) * (x[k] - x₀);
    S = S/n;
    return(S);
}
void main()
{
    float   a[10], FC = 0;                 /*用变量 FC 代表方差 S2 */
    int i;
    printf("input 10 numbers: \n");
    for(i = 0;i < 10;i++)
        scanf("%f",&a[i]);
    FC = fun(a,10);
    printf("S2 = %f\n",FC);
}
```

程序运行情况：

```
input 10 numbers:
76.0  87.5  90.0  77.5  92.5  91.0  81.0  80.5  88.0  91.0 ↙
S² = 33.950000
```

【例 5-3】　求已知数组 $a[8] = \{3,6,17,25,31,19,37,40\}$ 中的素数之和。

该问题解决方法是：定义一个函数实现素数的判定，如果是素数，返回值为 1，否则返回值为 0。在主函数 main 中依次用数组 a 的元素作参数进行函数调用，即可实现对数组 a 中的素数求和。

程序代码：

```
#include <stdio.h>
int fun(int x)                             /* 判定 x 是否为素数,如是返回 1,否则返回 0 */
{
    int k;
    for(k = 2;k <= x/2;k++)
        if(x%k == 0) break;
    if(k > x/2) return 1;
    else return 0;
}
void main()
{
    int a[8] = {3,6,17,25,31,19,37,40},k,sum = 0;
    for(k = 0;k < 8;k++)
        if(fun(a[k]) == 1) sum += a[k]; /* 数组元素作实参 */
    printf("\n sum = %d",sum);
}
```

运行结果：

sum = 107

如同本例，用数组元素作实参，一般是通过多次调用函数将数组元素分别传递到被调函数，进行某种分析处理，并返回所要的结果。

【例 5-4】 输出 Fibonacci 数列：1,1,2,3,5,8,13,……前 30 项。

Fibonacci 数列的规律是：前两个数据项都是 1，从第 3 项开始，当前项是它前面相邻两个数据项之和。解决该问题的思想方法是：根据 Fibonacci 数列的规律，依次生成各数据项存入数组中，然后输出数组中的元素。

算法设计：

(1) 定义含 30 个元素的一维数组 a，并对 a[0]，a[1] 赋初值 1；

(2) 利用递推关系 a[k] = a[k−1] + a[k−2] (k >= 2) 生成数组的其他元素；

(3) 按每行 5 个数输出数组中的元素。

程序代码：

```c
# include < stdio. h>
void Fib(long x[ ], int n)
{
    int k;
    x[0] = x[1] = 1;                     /* 前两项都是 1 */
    for(k = 2;k < n;k++)
        x[k] = x[k − 2] + x[k − 1];
}
void main( )
{
    int k;
    long f[30];
    Fib(f,30);
    for(k = 0; k < 30; k++)
    {
        if(k % 5 == 0) printf("\n");     /* 控制每行输出 5 个数 */
        printf(" % 10ld", f[k]);
    }
}
```

运行结果：

```
       1           1           2           3           5
       8          13          21          34          55
      89         144         233         377         610
     987        1597        2584        4181        6765
   10946       17711       28657       46368       75025
  121393      196418      317811      514229      832040
```

循环输出数组中 30 个元素过程中，用语句 if (k%5 == 0) printf ("\n")；控制每行输出 5 个数，这是常用的做法。如想改变每行输出数的个数，只做相应的变动即可。

如用语句：

```
if (k % 8 == 0) printf ("\n");    \ * 控制每行输出数 8 个数 * /
```

【例 5-5】　用交换法对 10 个整数由小到大进行排序。

用交换法对 n 个整数由小到大进行排序的过程：

（1）首先对第 1 个位置上的数依次和后面位置上的数进行比较，如果后面的数比目前第 1 个位置上的数小就交换，否则不交换。这样 1 轮的操作就会把 n 个数中最小者交换到最前面（第 1 个位置）；

（2）按照第(1)步的做法，对后 n−1 个位置上的数进行第 2 轮的操作，就会把后 n−1 个位置上的数中最小者交换到第 2 个位置；

（3）重复上述操作，共经过 n−1 轮次的操作结束排序。

例如对 5 个整数：4，3，2，5，1　由小到大进行排序的过程。

原顺序：　　4　　3　　2　　5　　1
第 1 轮：　　1　　4　　3　　5　　2
第 2 轮：　　1　　2　　4　　5　　3
第 3 轮：　　1　　2　　3　　5　　4
第 4 轮：　　1　　2　　3　　4　　5

对 10 个整数由小到大进行排序的程序代码：

```
# include < stdio. h >
void fun( int x[ ], int n)
{
    int   i, j, t;
    for( i = 0; i < n − 1; i++)
        for( j = i + 1; j < n; j++)
            if( x[ j ] < x[ i ]) { t = x[ i ]; x[ i ] = x[ j ]; x[ j ] = t; }
}
void main( )
{
    int   n, k, t, a[10];
    printf("Input 10 numbers:\n");
    for( k = 0; k < 10; k++)
        scanf ("% d", &a[k]);
    fun(a, 10);
    printf("The sorted numbers:\n");
    for( k = 0; k < 10; k++)
        printf("% 4d", a[k]);
    printf("\n");
}
```

运行结果：

```
Input 10 numbers:
5  18  31  21  1  4  13  9  17  26 ↙
The sorted numbers:
1  4  5  9  13  17  18  21  26  31
```

对若干个数进行排序是非常典型、重要的问题，人们对此进行了多种算法设计，除了本例介绍的交换法外,还有选择法、冒泡法、插入法等。下面再介绍冒泡法排序的算法及程序设计。

【例5-6】 用冒泡法对10个整数由小到大进行排序。

冒泡法排序的基本思想是:对每相邻的两个数进行比较,如果前面的数比后面的数大就交换两个数的位置,否则不交换。

用冒泡法对n个整数由小到大进行排序的过程:

(1) 对n个数从头到尾进行每相邻的两个数进行比较,如果前面的数比后面的数大就交换两个数的位置——第1轮的操作就会把n个数中最大者移到最后(第n个位置);

(2) 对前n−1个数从头到尾进行第2轮操作就会把前n−1个数中最大者移到第n−1个位置;

(3) 重复上述操作,共经过n−1轮次的操作结束排序。

例如对5个整数:6,3,8,5,1 由小到大进行排序的过程。

原顺序:	6	3	8	5	1
第1轮:	3	6	5	1	8
第2轮:	3	5	1	6	8
第3轮:	3	1	5	6	8
第4轮:	1	3	5	6	8

对10个整数由小到大进行排序的程序代码:

```
# include < stdio. h >
void fun( int x[ ], int n)
{
    int   i, j, t;
    for( i = 1; i < = 9; i++)
        for( j = 0; j < = n − 1 − i; j++)
            if( a[ j] > a[ j + 1])   { t = a[ j]; a[ j] = a[ j + 1]; a[ j + 1] = t; }
}
void main( )
{
    int   k, a[10];
    printf( "Input 10 numbers: \n");
    for( k = 0; k < 10; k++)
        scanf ( " % d", &a[ k]);
    fun( a, 10);
    printf( "the sorted numbers: \n");
    for( k = 0; k < 10; k++)
        printf( " % 4d", a[ k]);
    printf( "\n");
}
```

运行结果:

```
Input 10 numbers:
5  18  31  21  1  4  13  9  17  26 ↙
the sorted numbers:
1  4  5  9  13  17  18  21  26  31
```

在以上两个例子的程序代码中,要弄清实现排序的循环嵌套,外循环控制排序的轮次,如果 n 个数参加排序,则外循环要被执行 n−1 次。内循环实现数的交换,而且随着外循环的进程,内循环被执行的次数越来越少。

以上例子中用到数组名作参数的问题,关于数组名作参数的几点说明:

(1) 用数组名作函数参数,应该在主调函数和被调用函数中分别定义数组,不能只在一方定义。

(2) 实参数组与形参数组类型应一致,如不一致,结果将出错。

(3) 实参数组和形参数组大小可以一致也可以不一致,C 编译对形参数组大小不做检查,只是将实参数组的首地址传给形参数组。

(4) 形参数组也可以不指定大小,在定义数组时数组名后面跟一个空的方括号,为了在被调用函数中处理数组元素的需要,可以另设一个参数,用来传递数组元素的个数。

(5) 数组名作函数参数时,不是"值传送",而是把实参数组的首地址传递给形参数组,即"地址传递"。两个数组共占同一段内存单元,实际上形参数组就是实参数组,因此在被调函数中表现上看是形参数组元素的值发生改变,实际上改变的是对应实参数组元素的值,见例 5-5 与例 5-6。

5.1.2　二维数组的定义与引用

实际应用中,经常处理由多行、多列数据组成的矩形数据表(矩阵),在 C 语言中是用二维数组来存储这种形式的数据。与一维数组相同,二维数组也必须先定义后使用。

1．二维数组的定义

二维数组的定义形式为:

数据类型　数组名[常量表达式 1][常量表达式 2];

例如:

```
int a[3][4];
```

定义 a 为 3 行 4 列的整型二维数组,该数组有 12 个元素,相当于定义了 12 个整型变量,它们分别为:a[0][0],a[0][1],a[0][2],a[0][3],a[1][0],a[1][1],a[1][2],a[1][3],a[2][0],a[2][1],a[2][2],a[2][3]。这 12 个元素在逻辑上是按 3 行 4 列的位置排列的,即:

```
a[0][0]  a[0][1]  a[0][2]  a[0][3]
a[1][0]  a[1][1]  a[1][2]  a[1][3]
a[2][0]  a[2][1]  a[2][2]  a[2][3]
```

但在内存中 12 个元素是按行的顺序逐行连续存储 12 个元素的。

说明:

(1) 数据类型、数组名、常量表达式的意义与一维数组相同。

(2) 注意定义二维数组时的格式,必须分别用方括号把表示行、列的常量表达式括起来。而不能写成:

```
int a[3,4];    或    int a(3,4);
```

（3）二维数组中元素在内存中是按行的顺序存放，即在内存中先顺序存放第一行的元素，再存放第二行的元素，以此类推。

例如定义：

```
int a[3][3];
```

则数组 a 的元素在内存中的存储形式为：

（4）二维数组可以看成是特殊的一维数组，例如：

```
float b[4][5];
```

则可以把数组 b 看成是包含 4 个元素的一维数组，即由 b[0]、b[1]、b[2]、b[3]组成一维数组。但这里的 4 个元素 b[0]、b[1]、b[2]、b[3]又都是包含 5 个元素的一维数组的名字。数组 b 的构成关系如图 5-1 所示。

```
b[0] -> b[0][0]  b[0][1]  b[0][2]  b[0][3]  b[0][4]
b[1] -> b[1][0]  b[1][1]  b[1][2]  b[1][3]  b[1][4]
b[2] -> b[2][0]  b[2][1]  b[2][2]  b[2][3]  b[2][4]
b[3] -> b[3][0]  b[3][1]  b[3][2]  b[3][3]  b[3][4]
```

图 5-1　数组 b 的构成关系

了解了一维数组、二维数组的定义，就可以类推出多维数组的定义。例如：

```
int x[3][4][5];         /*定义了三维数组 x */
float s[2][2][3][4];    /*定义了四维数组 y */
```

在多维数组的定义时，数组的维从左到右第一个[]称为第一维，第二个[]称为第二维，以此类推。

2．二维数组的初始化

二维数组也可以在定义时对指定元素赋初值，可以用以下方法对二维数组进行初始化：

（1）按行赋初值。每一行初始化赋值用"{ }"括起来，并用"，"分开，总的再加一对"{ }"括起来。例如：

```
int a[3][4] = {{1,2,3,4},{5,6,7,8},{9,10,11,12}};
```

（2）二维数组是按行连续存储的，因此可以用一维数组初始化的办法来初始化二维数组。例如：

```
int a[2][3] = {1,2,3,4,5,6};
```

其结果是 1，2，3 分别赋给第 1 行的元素，4，5，6 分别赋给第 2 行的元素。

（3）可以对数组部分元素赋初值。例如：

```
int a[3][4] = {{1,2},{0},{0,10}};
```

其作用是使 a[0][0]＝1，a[0][1]＝2，a[2][1]＝10，数组的其他元素都为 0。

（4）如果对数组的全部元素都赋初值，则定义数组时可以不指定数组的第一维长度，但第二维长度不能省略。例如：

若有定义：

```
int a[2][4] = {1,2,3,4,5,6,7,8};
```

此定义也可以写成：

```
int a[ ][4] = {1,2,3,4,5,6,7,8};
```

若定义：

```
int a[ ][3] = {1,2,3,4,5,6,7,8};
```

也是正确的。二维数组的存储是按行自左至右的顺序存储的。由于每行有 3 个元素，要 3 行才能存储下 8 个整数，C 系统定义数组 a 为 3 行。

但如定义：

```
int a[3][ ] = {1,2,3,4,5,6,7,8};
```

则是错误的，因为 C 系统无法确定二维数组 a 每行有多少个元素。

3．二维数组元素的引用

不论是一维数组还是二维数组，都不能对其进行整体引用，只能对具体元素进行引用。与一维数组元素引用类似，二维数组元素引用方式：

数组名[下标 1][下标 2]

其中下标可以是整型常量、整型变量或整型表达式。习惯上下标 1 称为行标，下标 2 称为列标。下标从 0 开始变化，其值分别小于数组定义中的[常量表达式 1]与[常量表达式 2]。

在对二维数组进行引用时，一般要通过双循环来实现。如：

```
int a[4][4],m,n,s = 0;
```

通过如下双循环实现对二维数组 a 的各元素进行赋值：

```
for(m = 0;m < 4;m++)
    for(n = 0;n < 4;n++)
        a[m][n] = m + n + 1;
```

其结果二维数组 a 各元素的值为：

```
1  2  3  4
2  3  4  5
3  4  5  6
4  5  6  7
```

外循环 for(m＝0;m＜4;m++)中的控制变量 m 的取值决定对哪一行元素进行操作,内循环 for(n＝0;n＜4;n++)中的控制变量 n 的取值决定对某行中各列元素进行操作。通过双循环实现了对二维数组 a 的各行各列所有元素进行赋值。

另外,有时只对二维数组中一部分元素进行引用,这时应注意对所引用元素的下标的正确表示。

如对主对角线上元素进行求和:

```
for(n = 0;n < 4;n++)
    s = s + a[n][n];              /* 主对角线上元素下标的特点是行标与列标相等 */
```

对主对角线及下方元素进行求和:

```
for(m = 0;m < 4;m++)
  for(n = 0;n <= m;n++)          /* 主对角线及下方元素下标的特点是列标小于行标 */
    s = s + a[m][n];
```

还有对周边元素进行求和等。

4.二维数组应用举例

【例 5-7】 求一个 3 行 4 列的数组中的最大值。

求二维数组中的最大值与求一维数组中的最大值的方法相同,只是要逐行逐列进行比较获得。

程序代码:

```
# include < stdio. h>
int   fun( int x[ ][4])           /* 形参为二维数组,可以省略第一维下标 */
{
    int k, n, m;
    m = x[0][0];
    for(k = 0;k < 3;k++)
        for(n = 0;n < 4;n++)
            if(x[k][n]> m) m = x[k][n];
    return(m);
}
void main()
{
    static int a[3][4] = {{5,7,12,8},{3,19,6,4},{7,18,37,22}},max;
    max = fun(a);                 /* 二维数组名作参数 */
    printf("max value is % d\n", max);
}
```

程序运行结果:

```
max value is 37
```

【例 5-8】 某班有 10 名学生,每名学生有 5 门课的成绩,分别求出每门课的平均成绩。
该问题的算法设计如下:

(1)定义数组 score[10][5]及数组 v[5],并对 v[5]赋初值;

（2）输入 10 名学生的 5 门课的成绩存入数组 score 中；

（3）逐列对数组 score 求和、求平均值存入数组 v 中；

（4）输出数组 v 中元素。

程序代码：

```
# include < stdio.h>
void fun(float x[][5],float y[],int n)
{
    int m,k;
    for(m = 0;m < 5;m++)
    {
        for(k = 0;k < n;k++)
            y[m] + = x[k][m];
        y[m]/ = n;
    }
}
void main()
{
    float score[10][5],v[5] = {0};
    int m,n;
    for(m = 0;m < 10;m++)
      for(n = 0;n < 5;n++)
          scanf ( " % f",&score[m][n]);
    fun(score,v,10);
    printf("average of scores: \n");
    for(m = 0;m < 5;m++)
      printf(" % d: % 6.2f\n",m + 1,v[m]);
}
```

执行程序时，依次输入每名学生的 5 门成绩，各成绩数据间用空格分开。请读者自拟成绩数据运行该程序。

以上两个例子中涉及二维数组作为函数实参的问题。要求实参数组与形参数组的数据类型相同，形参数组的第一维下标可以省略。实际上，形参数组的结构与大小都可以与实参数组的不同，只要形参数组的元素个数不超过实参数组的元素个数即可。下面将例 5-7 改成如下：

```
int fun( int x[2][3])                /* 注意：形参数组 x 与实参数组 a 的行、列都不同 */
{
    int k,n,m;
    m = x[0][0];
    for(k = 0;k < 2;k++)
      for(n = 0;n < 3;n++)
          if(x[k][n]> m)   m = x[k][n];
    return(m);
}
void main( )
{
    static int a[3][4] = {{5,7,19,8},{3,12,6,4},{7,18,37,22}},max;
    max = fun(a);
```

```
        printf("max value is % d\n",max);
}
```

则程序运行结果：

max value is 19

本程序段中形参数组 x 与实参数组 a 的结构与大小不同,实参数组 a 含有 12 个元素,而形参数组 x 只含有 6 个元素。由于二维数组的元素在内存中是按行连续存储的,函数调用时,实参数组 a 的首地址传递给形参数组 x,形参数组 x 只取实参数组 a 的前 6 个元素：a[0][0],a[0][1],a[0][2],a[0][3],a[1][0],a[1][1],其余部分不起作用。

5.2 字符数组与字符串

字符数组是数据类型为字符型的数组,是用于存储多个字符数据或字符串的,它的每一个元素存放一个字符型数据,在内存中占一个字节。一般地,一维字符数组用于存储一个字符串,而二维字符数组用于存储多个字符串。

5.2.1 字符数组的定义与引用

1. 字符数组的定义

字符数组的定义形式：

char　数组名[常量表达式];
char　数组名[常量表达式 1][常量表达式 2];

例如：

char str1[10];
char str2[3][80];

str1 为一维字符数组,该数组包含 10 个元素,最多可以存放 10 个字符型数据。str2 为二维字符数组,该数组有 3 行,每行 80 列,该数组最多可以存放 240 个字符型数据。

2. 字符数组的初始化

字符数组的初始化方式与其他类型数组的初始化方式类似。
(1) 逐个元素赋初值。例如：

char s[5] = {'C','h','i','n','a'};

(2) 如果初值的个数多于数组元素的个数,则按语法错误处理。例如：

char s[4] = {'C','h','i','n','a'};

C 系统将给出错误提示。
(3) 如果初值的个数少于数组元素的个数,则 C 编译系统自动将未赋初值的元素定为空字符(即 ASCII 码值为 0 的字符：'\0')。例如：

```
char t[10] = {'C','h','i','n','a'};
```

则数组 t 中元素的初值为：

C	h	i	n	a	\0	\0	\0	\0	\0

（4）如果省略数组的长度，则系统会自动根据初值的个数来确定数组的长度。例如：

```
char c[ ] = { 'H','o','w',' ','a','r','e',' ','y','o','u','?'};
```

数组 c 的长度自动设定为 12。

（5）二维字符数组也可以进行初始化。见例 5-10，定义并赋初值，二维字符数组 c[5][5] 中元素的初值为：

□	□	*	\0	\0
□	*	*	*	\0
*	*	*	*	*
□	*	*	*	\0
□	□	*	\0	\0

其中"□"表示空格。

3．字符数组的引用

字符数组元素是字符型数据，引用一个元素得到一个字符。其引用方法与前面介绍的一维、二维数组元素引用方法相同。看下面的例子：

【例 5-9】 输出一个字符串。

该问题的解决方法：先定义一个字符数组并把字符串中的每个字符通过赋初值存入字符数组中，然后逐个输出数组中的元素。

程序代码：

```
# include < stdio. h >
void main()
{
    char c[10] = {'I',' ','a','m',' ','h','a','p','p','y'};
    int k;
    for(k = 0;k < 10;k++)
        printf(" % c",c[k]);                /* 逐个输出数组中的元素 */
    printf("\n");
}
```

程序运行结果：

```
I am happy
```

【例 5-10】 输出钻石图形。

该问题处理方法同例 5-9，首先定义二维字符数组并赋初值，然后逐个输出数组中的元素。

程序代码：

```
#include<stdio.h>
void main()
{
    char c[5][5]={{' ',' ','*'},{' ','*','*','*'},{'*','*','*','*','*'},
                  {' ','*','*','*'},{' ',' ','*'}};
    int i,j;
    for(i=0;i<5;i++)
    {
        for(j=0;j<5;j++)
            printf("%c",c[i][j]);
        printf ("\n");
    }
}
```

程序运行结果：

```
  *
 ***
*****
 ***
  *
```

以上两个例子介绍用字符数组处理字符串的简单应用，是通过对字符数组元素的逐个引用，每引用一个元素得到一个字符数据。我们从中感到对二维字符数组元素引用时比较烦琐，为了处理字符串的需要，C语言系统提供了专门用于字符串处理的函数，用于解决字符串的输入输出及运算问题。

5.2.2　字符串与字符数组

1. 字符串的定义

字符串是由若干个有效字符组成且以字符'\0'为结束标志的字符序列。字符串常量是用双引号括起来的若干个字符。例如："a**b8d"、"a"、"123"、"8"都是字符串常量。

C语言系统在处理字符串时，在其末尾自动添加一个'\0'作为结束符，称'\0'为字符串结束标志。'\0'代表 ASCII 码为 0 的字符，是不可以显示的字符，是一个"空操作字符"，即它不引起任何控制动作。

在 C语言中，对字符串进行处理时遇到'\0'，则表示字符串结束，即'\0'前面的字符组成的字符序列才是有效的，为系统处理的对象。

2. 字符串与字符数组

C语言中没有字符串数据类型，自然不能使用字符串变量，字符串是通过字符数组来存储的。一维字符数组可存放一个字符串，二维字符数组可用于存放多个字符串。

在存储字符串时，字符串结束标志'\0'占用一个字节的存储单元，但它不计入字符串的实际长度。

前面曾用下面的方法对字符数组赋值：

```
char s[15] = {'I', ' ', 'a', 'm', ' ', 'h', 'a', 'p', 'p', 'y'};
```

这样处理虽然将字符串保存到数组 s 中了，但很麻烦，实际应用中是将字符串作为一个整体来处理，即用字符串常量来直接初始化字符数组，例如：

```
char s[15] = {"I am happy"};
```

系统将字符串中的字符依次赋给字符数组的各个元素，并自动在末尾补上字符串结束标志'\0'，一起存到字符数组中，数组 s 有 15 个元素，余下的元素系统也补上字符串结束标志'\0'。其存储形式为：

I		a	m		h	a	p	p	y	\0	\0	\0	\0	\0

对字符数组初始化可以省略大括号而直接用字符串常量来进行。例如：

```
char c[] = "I am happy";
```

这与上面的定义完全等价。

也可以将多个字符串存入二维字符数组中，例如：

```
char st[3][15] = {"ABCDEF", "123456789", "abc6789"};
```

其存储形式为：

A	B	C	D	E	F	\0	\0	\0	\0	\0	\0	\0	\0	\0
1	2	3	4	5	6	7	8	9	\0	\0	\0	\0	\0	\0
a	b	c	6	7	8	9	\0	\0	\0	\0	\0	\0	\0	\0

每个字符串在内存中都占用一连续的存储空间，而且这段连续的存储空间有唯一确定的首地址。如果它只是一个字符串常量，那么这个字符串常量本身代表的就是该字符串在内存中所占连续存储空间的首地址，是一个地址常量；如果将字符串赋值给一个一维字符数组，那么这个一维字符数组的名字就代表这个首地址。

有以下几点说明：

(1) 字符串结束标志'\0'用于判断字符串是否结束，输出字符串时不输出'\0'。

(2) 字符串结束标志'\0'，占用一个字节内存空间，但不计入字符串的有效字符。例如：

```
char  s[] = "china";
```

数组 s 的大小为 6，而不是 5。

(3) 用字符串来初始化字符数组时提供的字符个数至少比数组长度少1，否则系统提示错误。例如：

```
char  s[5] = "china";
```

是错误的。而如下定义：

```
char str[ ] = {'c','h','i','n','a'};
```

是正确的,数组 str 的长度为 5,请注意前后的不同。但不能将 str 当作字符串使用,原因是数组 str 的字符序列没有'\0'。

5.2.3 字符数组的输入与输出

1. 用格式符"%c"将字符数组元素逐个输入与输出

用格式符"%c"逐个输入、输出字符数组元素,如:

```
char st[10]; int k;
for(k = 0;k < 10;k++)
{
    scanf("%c",&st[i]);              /* 输入一个字符存入数组元素 st[i] */
    printf("%3c",st[i]);            /* 输出数组元素 st[i]中的一个字符 */
}
```

2. 用格式符"%s"对字符数组进行输入或输出

用格式符"%s"可将输入的字符串存入字符数组中,也可对存储在字符数组中的字符串进行整体输出。如:

```
char st[100];
scanf("%s",st);                     /* 输入一个字符串存入数组 st */
printf("%s",st);                    /* 输出存储在数组 st 中的字符串 */
```

【例 5-11】 从键盘读入一串字符,将其中的大写字母转换成小写字母后输出该字符串。

大小写字母之间转换:大写字母比它对应的小写字母的 ASCII 码值小 32,在 C 语言中允许字符数据与整数直接进行算术运算,即'A'+32 就可得到小写字符数据'a'。

程序代码:

```
#include < stdio.h >
void fun(char x[])
{
    int i;
    for(i = 0;str[i]!= '\0';i++)
        if(str[i]> = 'A'&&str[i]< = 'Z')   str[i] + = 32;
    return;
}
void main()
{
    char str[80];
    scanf("%s",str);                /* 输入一个字符串存入数组 str */
    fun(str);
    printf("%s\n",str);             /* 输出存储在数组 st 中的字符串 */
}
```

运行该程序两次。

第一次输入：

ProGram↙

程序运行结果：

program

第二次输入：

HOW DO YOU DO?↙

程序运行结果：

how do you do?

　　在实际应用中经常会遇到对字符数组中的字符串进行逐个字符处理的问题,应理解并掌握相应的循环控制,即在循环 for (i=0；str[i]!= '\0'；i++)中的判定表达式 str[i]!= '\0',其功能是从字符数组中的第一个字符开始,逐个验证其是否为字符结束标志'\0',是就结束循环。实际上循环 for (i=0；str[i]!= '\0'；i++)可以写成：for(i=0；str[i]；i++),原因是当前字符为字符结束标志'\0'时,str[i]的值为数 0,循环结束。

　　注意：

　　(1) 用"%s"格式符输入字符串时,scanf 函数中的地址项是数组名,不要在数组名前加地址运算符"&",因为数组名本身就是地址。

　　(2) 用"%s"格式符输出字符串时,printf 函数中的输出项是字符数组名,而不是数组元素。如果写成下面的形式是错误的：

```
printf ("%s", str[0]);
```

　　(3) 以 scanf ("%s",数组名);形式读入字符串时,遇空格或回车都表示字符串结束,系统只是将第一个空格或回车前的字符置于数组中,例如有如下语句：

```
char str[20];
scanf ("%s", str);
```

　　若输入为：

How are you?↙

　　系统只是将字符串 How 存入数组 str 中。因此,若想将有空格的字符串输入一维字符数组中,用"%s"格式符是不能实现的。实际应用时是用下面介绍的字符串输入函数 gets()来完成。

　　3. 用库函数 gets()与 puts()实现字符数组的输入和输出

　　(1) 字符串输入函数：gets()
　　格式：

gets(字符数组名);

　　功能：从终端输入一个字符串到字符数组。该函数可以输入空格,遇回车结束输入。

例如下面程序段：

```
char s[20];
gets(s);
puts(s);
```

运行时输入：

How do you do?↙

输出结果：

How do you do?

（2）字符串输出函数：puts( )

格式：

```
puts(字符数组名);
```

功能：将一个字符串输出到终端，字符串中可以包含转义字符。

例如：

```
char s[] = "China\nBeijing";
puts(s);
```

输出结果：

```
China
Beijing
```

注意：puts 函数输出完字符串后自动产生换行。

5.2.4 字符串处理函数

在 C 系统的库函数中提供了一些字符串函数，使用它们可以方便地实现对字符串的处理，如字符串的连接、拷贝、比较、测试长度等。使用这些函数时要包含头文件"string.h"，即应在程序的开始做如下包含处理：

```
# include < string.h >
```

1. 字符串连接函数 strcat( )

格式：

strcat (字符数组 1,字符数组 2);

功能：将字符数组 2 中的字符串连接到字符数组 1 中的字符串的后面，结果放在字符数组 1 中。

例如如下程序段：

```
char s1[14] = "China",s2[] = "Beijing";
strcat(s1, s2);
```

```
printf("%s",s1);
```

输出结果：

```
China Beijing
```

说明：使用 strcat 函数时，字符数组 1 应足够大，以便能容纳连接后的新字符串。

2. 字符串拷贝函数 strcpy()和 strncpy()

格式：

strcpy（字符数组 1，字符数组 2）；

功能：将字符数组 2 中的字符串复制到字符数组 1 中。
例如下面程序段：

```
char s1[8],s2[] = "China";
strcpy(s1,s2);
puts(s1);
```

程序段的输出结果：

```
China
```

说明：

（1）字符数组 1 的长度应大于或等于字符数组 2 的长度，以便容纳被复制的字符串。

（2）字符数组 1 必须写成数组名的形式，字符数组 2 也可以是一个字符串常量。例如：

```
char s1[8];
strcpy(s1,"China");
```

其结果与 strcpy(s1,s2)相同。

（3）执行 strcpy 函数后，字符数组 1 中原来的内容将被字符数组 2 的内容（或字符串）所代替。

（4）不能用赋值语句将一个字符串常量或字符数组直接赋给另一个字符数组。下面的用法是错误的：

```
s1 = s2;
```

在进行字符串的整体赋值时，必须使用 strcpy 函数。

（5）函数 strncpy 的功能是将字符串 2 中前 n 个字符复制到字符数组 1 中去。例如：

```
char str1[20] = "ABCDEFGH",str2[10] = "987654";
strncpy(s1,s2,3);
```

执行结果是将 str2 最前面 3 个字符复制到字符数组 str1 中，取代 str1 最前面 3 个字符。但复制的字符个数 n 不应超过 str1 中原有的字符数。

执行后输出字符数组 str1：

```
printf("%s\n",str1);
```

其结果：

987DEFGH

3. 字符串比较函数 strcmp()

格式：

strcmp(字符串1,字符串2);

功能：比较两个字符串的大小，比较的结果由函数值带回。其规则如下。
(1) 如果字符串1等于字符串2，函数值为0。
(2) 如果字符串1大于字符串2，函数值为一个正整数。
(3) 如果字符串1小于字符串2，函数值为一个负整数。
例如：

```
char s1[10] = "Beijing", s2[10] = "Shanghai";
strcmp(s1, s2);
```

函数值为一个负整数，说明字符串s1小于字符串s2。

```
strcmp("China","Beijing");
```

函数值为一个正整数，说明字符串"China"大于字符串"Beijing"。

两个字符串比较时，自左至右逐个字符相比较（按 ASCII 码值大小比较），直到出现不同的字符或遇到'\0'为止。如全部字符相同，则认为两字符串相等；若出现不相同字符，则以第一个不相同的字符的比较结果为准。

值得注意的是：比较两个字符串时，不能用关系运算符：>、>= 、< 、<= 、== 、! =来进行，例如：判定两个字符串是否相等时，以下形式：

```
if(s1 == s2)   printf("yes\n");
```

是错误的。而只能用：

```
if(strcmp(s1, s2) == 0)   printf("yes\n");
```

4. 字符串长度测试函数 strlen()

格式：

strlen (字符数组名);

功能：测试字符串的长度。
函数返回值为字符数组中第一个'\0'前的字符的个数（不包括'\0'）。
例如：

```
char s[10] = "China";
printf(" %d", strlen(s));
```

输出结果：

5

5. 字符串小写函数 strlwr()

格式：

strlwr (字符串);

功能：将字符串中的大写字母转换成小写字母。

例如：

```
char st[20] = "Abc *** aBC89";
strlwr(st);
printf("% s", st);
```

输出结果：

abc *** abc89

6. 字符串大写函数 strupr()

格式：

strupr(字符串);

功能：将字符串中的小写字母转换成大写字母。

例如：

```
char st[20] = "Abc *** aBC89";
strupr(st);
printf("% s", st);
```

输出结果：

ABC *** ABC89

5.2.5　字符数组应用举例

【例 5-12】　编程实现两个字符串的连接（不用 strcat 函数）。

该问题的算法设计：

（1）定义两个字符数组 s1、s2 并输入两个字符串存入其中；

（2）找到 s1 中字符串的结束位置（结束标志'\0'的下标），其目的是确定 s2 中的字符串接到 s1 中的起始位置；

（3）将 s2 中的字符串依次接到 s1 中的字符串后面，并在 s1 中的有效字符串后加上结束标志'\0'；

（4）输出字符数组 s1。

程序代码:

```
# include < stdio.h >
# include < string.h >
void Lianjie(char s1[ ],char s2[ ])        /* 形参数组的类型必须与实参数组的类型相同 */
{
    int    i,n;
    n = strlen(s1);           /* 表达式 strlen(s1)的值是 s1 中字符串结束标志'\0'的下标 */
    for (i = 0;s2[i]!= '\0';i++)
        s1[n++] = s2[i];      /* 将 s2 中的字符依次接到 s1 中的字符串后面 */
    s1[n] = '\0';             /* 在 s1 中的有效字符后加上结束标志'\0' */
}
void main()
{
    char st[100], sb[50];
    gets(st);
    gets(sb);
    Lianjie(st,sb);            /* 数组名 st、sb 作实参,调用函数 Lianjie() 实现字符串连接 */
    puts(s1);
}
```

程序运行情况:

运行时输入:

China↙
Beijing2008↙

运行结果是:

ChinaBeijing2008

注意:程序中语句 s1[n] = '\0';是不可缺少的。因为将 s2 中字符串连接到 s1 中的字符串后面,必须加上结束标志'\0',s1 中的字符串才是确定的。

【例 5-13】 输入 5 个字符串,找出字符串中的最大值并输出。

找若干个字符串中的最大值或最小值,如同求若干个数中的最大值或最小值(见例 5-1),其算法相同,但要注意的是字符数组之间的赋值必须用字符串函数。

程序代码:

```
# include < string.h >
# include < stdio.h >
void fun(char x[ ][50],char y[ ])        /* 形参数组 x 是二维的,可省略第一维下标 */
{
    int k;
    strcpy(y,x[0]);               /* 将 x 中的第 1 个字符串存入字符数组 y 中 */
    for(k = 1;k < 5;k++)
        if(strcmp(x[k],y) > 0)  strcpy (y,x[k]);
    return;
}
void main()
{
```

```
        char str[5][50], max[50];
        int i;
        for (i = 0;i < 5;i++)              /* 输入 5 个字符串存入字符数组 str 中 */
            gets(str[i]);
        fun(str,max);                      /* 字符数组名作参数 */
        printf ("The largest string is : %s\n",max);
    }
```

程序运行情况：

运行时输入：

```
CHINA↙
AMERICA↙
ENGLAND↙
AUSTRALIA↙
JAPAN↙
```

运行结果：

```
The largest string is :
JAPAN
```

【例 5-14】 输入一字符串存入数组 str 中,再将字符串中下标为奇数、同时 ASCII 值也为奇数的字符删除,剩余的字符形成一个新字符串存入数组 sub 中。

该问题的算法设计：

（1）在主函数 main()中定义字符数组 str 和 sub,并输入字符串存入 str 中,调用函数 fun()实现相应字符的删除;

（2）在函数 fun()中对字符数组 str 中的所有元素做如下处理：下标和 ASCII 值同时为奇数的字符不写入数组 sub 中,否则写入数组 sub 中,实现相应字符的删除。

程序代码：

```
#include <stdio.h>
void fun(char str[],char sub[])
{
    int k,n = 0;
    for(k = 0;str[k]!= '\0';k++)
        if(k % 2 == 1&&str[k] % 2 == 1) continue;
                /* 下标和 ASCII 值同时为奇数的字符不写入数组 sub 中 */
        else sub[n++] = str[k];
    sub[n] = '\0';
}
void main()
{
    char str[100],sub[100];
    scanf(" %s",str);
    fun(str,sub);
    printf(" %s\n",sub);
}
```

程序运行情况：

运行时输入：

ACDB13579↙

运行结果：

ADB159

该程序是删除字符串中的某些字符，剩余字符存到另一字符数组中，原字符数组中的字符串未改变。若问题改为：将字符串中下标为奇数、同时 ASCII 值也为奇数的字符删除，则要改变原字符数组中的字符串。其解决方法一般有以下两种：

方法一：如同本题，先将剩余字符存到另一字符数组中，再覆盖原字符数组中的字符串。即：

```
for(k = 0;str[k]!= '\0';k++)
    if(k % 2 == 1&&str[k] % 2 == 1) continue;
    else sub[n++] = str[k];
sub [n] = '\0';
strcpy(str,sub);
```

方法二：直接改写字符数组中的字符串，即把不删除的字符重新组织存到原字符数组中，而要删除的字符不存。即：

```
for(k = 0; str[k]!= '\0';k++)
    if(k % 2 == 1&&str[k] % 2 == 1) continue;
    else str[n++] = str[k];
str[n] = '\0';
```

【例 5-15】　规定输入的字符串中只包含字母和 * 号，将字符串中前面所有连续 * 全部移到字符串的尾部。

该问题的算法设计：

（1）定义字符数组 str，并输入字符串存入 str；

（2）统计数组 str 中的字符串前面所有连续 * 的个数，存入变量 n 中；

（3）删除数组 str 中的字符串前面所有连续 *；

（4）在数组 str 中的字符串的后面补充 n 个 *；

（5）输出字符数组 str。

程序代码：

```
# include < stdio. h>
void fun(char str[])
{
    int i = 0,n = 0,k = 0;
        while(str[n] == '*')         /* 统计 str 中的字符串前面连续 * 号的个数存入 n */
        {n++;}
    i = n;
    while(str[i])                    /* 将 str 中的字符串前移,覆盖掉前 n 个连续 * 号 */
        {str[k++] = str[i];i++;}
    while (n!= 0)                    /* 在 str 中字符串的后面补充 n 个 * 号 */
```

```
        {str[k] = ' * '; k++; n-- ;}
    }
    void main()
    {
        char str[100];
        gets(str);
        fun(str);
        puts(str);
    }
```

程序运行情况：

运行时输入：

 ***** AB * DEF * G ** ↙

运行结果：

AB * DEF * G *******

程序说明：

（1）循环语句：while(str[n]==' * ')｛ n++;｝的作用是统计字符串前面所有连续' * '的个数 n,同时记录字符串从前数第 1 个不是' * '的字符下标。

（2）循环语句：while(str[i])｛str[k++]=str[i];i++;｝的作用是将下标从 i 开始的字符向前移,结果是将字符串前面所有连续' * '覆盖掉。

（3）循环语句：while (n! =0)｛str[k]=' * ';k++;n--;｝的作用在已被前移的字符后填补 n 个字符' * '。

5.3　指针的定义与运算

　　指针是 C 语言中一个重要的概念,是 C 语言的一个重要特色。利用指针变量可以表示各种数据结构；能很方便地使用数组和字符串；能直接地处理内存地址；从而编出精练而高效的程序。指针是 C 语言学习中最重要的一个环节,也是我们学习中的一个难点,每一个想学好 C 语言的人都有必要深入学习和掌握指针的概念和应用,熟练地使用指针可以使 C 语言编写的程序简洁、紧凑、高效、应用效果好。

5.3.1　指针变量的定义

1. 指针概念

　　计算机中所有的数据都存放在存储器中,存储器中的一个字节（一般为 8 位）称为一个内存单元。在编译时系统给程序中定义的每个变量分配内存空间,系统要根据变量的类型确定分配给每个变量内存空间的大小。例如,许多微机的 C 语言系统对字符型变量分配一个字节空间,单精度浮点型变量分配连续 4 个字节的空间。系统对内存中每一个字节都进行了编号,这个编号就称为地址,根据一个内存单元的编号即可准确地找到该内存单元,地址类似宾馆的房间号码,在地址所标志的单元中存放的数据类似房间中的房客。千万不要混淆内存单元的地址(房间号码)与内存单元内容(房中房客)这两个概念。每个编号或地址都指向某个存储单元,根据它可以找到所需的内存单元,所以通常也把这个地址称为指针。

在 C 语言中,允许用一个变量来存放指针(地址),这种变量称为指针变量。因此,一个指针变量的值就是某个内存单元的地址或称为某内存单元的指针。

假设内存中存放了字符型数据 a、整型数据 b 和单精度浮点型数据 c,如图 5-2 所示。编译时系统将地址为 4000 的单个字节分配给字符变量 a,4001 和 4002 两个字节分配给整型变量 b,4003～4006 4 个字节分配给单精度浮点型变量 c,系统是通过它们的地址进行输入或输出的。

例如:

scanf(" % f",&c);

就把键盘输入的值 9.4 送入变量 c 的地址 4003 开始的连续 4 个字节中,这种按照变量地址存取变量值方式称为直接访问方式。

另一种访问内存的方法称为间接访问方式。这种方式是通过定义一种特殊的变量专门存放内存或变量的地址,然后根据该地址值再去访问相应的存储单元。如图 5-3 所示,变量 a 的地址(4000)放入另一内存单元 p,即其内容为 a 的地址,此时要存取变量 a 的值,首先找到 a 的地址值 4000,然后再由 a 的地址去寻找 a 的值,正如你到房间 6000 去寻找某个朋友,但发现一张留言条,告诉你他已去 4000 房间,那么你得到的将是一个地址,再根据这个地址到 4000 房间找到你的朋友。

图 5-2　内存中存储数据示意图

图 5-3　间接存取示意图

严格地说,一个指针是一个地址,是一个常量。例如,地址 4000 是变量 a 的指针。而一个指针变量却可以被赋予不同的指针值,是变量。

在不至于引起混淆的情况,常把指针变量简称为指针。为了避免混淆,通常约定:"指针"是指地址,是常量,"指针变量"是指取值为地址的变量。定义指针的目的是通过指针去访问内存单元。一定要区分指针和指针变量的不同概念。

所谓指向就是通过地址来体现的。例如,指针变量 P 中的值是变量 a 的地址(4000),这样就在指针变量 p 和变量 a 之间建立起一种联系,即通过 P 能知道 a 的地址,从而找到变量 a 的内存单元,图 5-3 中用箭头来表示这种"指向"关系。如果一个指针变量中存放了一个字符型变量的地址,例如指针变量 P,则称这个变量是指向字符型变量的指针变量。

2. 指针变量的定义

C 语言规定所有变量在使用之前必须定义，指针类型变量的定义也不例外，仍遵循"先定义，后使用"的原则。

定义指针变量的一般形式为：

类型说明符　　 * 指针变量名

例如：

```
char    * s, * t;               /* 定义 s、t 为指向字符型变量的指针变量 */
int     * p, * q;               /* 定义 p、q 为指向整型变量的指针变量 */
float   * f;                    /* 定义 f 为指向单精度浮点型变量的指针变量 */
```

其中，* 表示这是一个指针变量，s、t、p、q、f 定义的指针变量名，指针变量名与普通变量一样，必须使用合法的标识符。char、int、float 分别称为指针变量的类型说明符，类型说明符表示本指针变量所指向的变量的数据类型。应该注意的是，一个指针变量一旦被定义就只能指向同类型的变量，也就是说只能存储同种类型变量的地址，如指针变量 s、t 只能指向字符变量，即存储字符型变量的地址；指针变量 p、q 只能指向整型变量，即存储整型变量的地址；指针变量 f 能指向单精度浮点型变量，即存储单精度浮点型变量的地址。

既然指针变量是存放地址的，那么只需指定其为指针变量即可，为什么还需指定类型说明符呢？原因是不同的数据类型在内存中占用的字节数是不同的，因此涉及下节介绍的指针变量的移动和运算结果是不同的。例如，在 Visual C++ 环境中，字符型数据占用 1 个字节，整型数据占用 4 个字节，而双精度浮点型数据占用 8 个字节。如果指向字符型数据的指针变量移动一个位置，意味着该地址移动一个字节；如果指向整型数据的指针变量移动一个位置，意味着该地址移动 4 个字节；如果是双精度浮点型数据则移动 8 个字节；因此必须指定指针变量的类型说明符。

5.3.2　指针变量的引用

指针变量在使用之前不仅要定义说明，而且必须赋予具体的值。指针变量的赋值只能赋予地址，绝不能赋予任何其他数据，否则将引起错误。在 C 语言中，变量的地址是由编译系统分配的，用户并不知道变量的具体地址，而且每次编译系统分配的结果也会不同，可以通过 C 语言系统提供的取地址运算获取变量的地址。

引用指针变量时的两个有关运算符：

1. 取地址运算符

取地址运算符（&）是一个单目运算符，右结合一个变量从而获取该变量的地址。其使用格式为：

& 变量名;

例如：

```
int   a = 100, * p;
```

p = &a;

语句 p＝&a；的功能将把变量 a 在内存中的地址存入指针变量 p 中。在程序设计过程中,如想得到一个变量或数组元素的地址必须通过取地址运算符(&)来获取地址。

2.间接访问运算符

间接访问运算符(＊)有时称为指针运算符,也是一个单目运算符。右结合一个指针变量,其表达式的值是该指针变量所指内存空间的值。其使用格式为:

＊指针变量名;

例如:

inta = 10,b, ＊ p;
p = &a;
b = ＊ p;

语句 b＝＊p；的功能是将指针变量 p 所指内存空间(变量 a 的存储空间)的值(变量 a 的值)读取出来赋给变量 b。 ＊p 是间接访问运算,即借助指针变量 p 访问变量 a 的存储空间而获得变量 a 的值。

再看下面的例子:

int a, ＊ p;
p = &a;
＊ p = 100;

语句 ＊p＝100；的功能是将常量 100 存(写)入指针变量 p 所指向内存空间(变量 a 的存储空间),相当于语句 a＝100；的功能。通过以上例子可以看出,表达式 ＊(&a)就是变量 a 的值。

5.3.3　指针变量的运算

1.指针变量赋值

指针变量是用来存放地址的。用指针做访问运算前必须使指针变量指向确定的内存空间,否则会出错,甚至会出现计算机系统瘫痪的严重后果,必须慎重。

设有指向整型变量的指针变量 p,如要把整型变量 a 的地址赋予 p 可以有以下两种方式:

(1)变量地址初始化指针变量。

int a = 10, ＊ p;
＊ p = &a;

以上语句也可直接写成:

int a = 10, ＊ p = &a;

通过指针变量的赋值建立如图 5-4 所示的逻辑关系。

图 5-4　指针变量赋值示意图

当有语句：p＝&a；时，

scanf(" % d",&a)和 scanf(" % d",p)是等价的。

（2）通过数组给指针变量赋值。

数组名表示数组的首地址,故可将数组名赋予指向数组的指针变量 p,也可将一个数组元素的地址赋值给指针变量。

例如,下面的操作是程序设计中经常用到的：

```
int a[10], * p;
p = a;
```

或

```
int a[10], * p = a;
int a[10], * p = &a[0];
int a[10], * p = &a[1];
```

根据数组在内存中连续存储的特点,可以用指针变量指向数组,然后通过指针的移动指向数组元素。

（3）通过 NULL 给指针变量赋空值。

```
p = NULL;
```

NULL 是在 stdio. h 头文件中定义的预定义标识符,因此在使用 NULL 时,应该在程序的前面出现预定义行：♯include ＜stdio. h＞,NULL 的代码值为 0,表示它指向内存中第 0 个字节位置,第 0 个字节的内存处于存放系统内核的区域内,用户不能直接访问和读写。

需要特别注意的是,不允许把一个常数或普通变量及它们的表达式赋予指针变量,下面的赋值是错误的：

```
int * p,a = 5;
p = 4000;
p = a;
p = a + 4000;
```

被赋值的指针变量前不能再加"＊"说明符,如写成 ＊p＝&a 也是错误的。

（4）指针变量间赋值。

基类相同的指针变量之间可以进行赋值运算,即可以将一个指针变量中的地址值赋给另一个指针变量,从而使这两个指针变量指向同一地址。例如以下语句：

```
int a = 10, * p, * q;
p = &a;
q = p;
```

语句 p＝&a；使指针变量 p 指向变量 a,即存放了变量 a 的地址,语句 q＝p；使指针变量 q 中也存放了变量 a 的地址,也就是说指针变量 p 和 q 都指向了整型变量 a。

使用时应注意：赋值号两边指针变量的基类型必须相同,否则应该做强制类型转换,看下面的语句：

```
int a = 261, * p = &a;
char * q;
q = (char * )p;                      /* 基类不同的指针变量间赋值要强制类型转换 */
printf(" % d, % d\n", * p, * q);
```

输出结果：

```
261,5
```

请读者自己验证以上程序段的运行情况,并探究其输出结果为什么是 261,5 而不是
261,261。

2. 指针变量的算术运算

(1) 指针变量与整数的加减运算。

对于指向数组的指针变量,可以加上或减去一个整数 n。设 p 是指向数组 a 的指针变
量,则 p+n,p−n,p++,++p,p--,--p 运算都是合法的。指针变量加(p+n)或减(p−n)中
整数 n 的意义是指相对于指针 p 的后 n 个位置的地址和前 n 个位置的地址。应该注意,不
同类型指针变量向前或向后移动一个位置和地址加 1 或减 1 在概念上是不同的。因为各种
类型的数组元素所占的字节长度是不同的。如指针变量加 1,即向后移动 1 个位置,表示指
针变量指向下一个数据元素的首地址,而不是在原地址基础上加 1。指针变量的值(地址)
应增加或减少“n×sizeof(指针类型)”。

例如：

```
float a[10], * p, * q;
p = a; (p指向数组a,也是指向数组的第一个元素a[0])
p = p + 4; (p指向a[4],p的值为a[4]的地址,即&a[4])
q = &a[9]; (q指向数组a的尾部,也就是指向数组的最后一个元素a[9])
q = q - 3; (q指向a[6],q的值为a[6]的地址,即&a[6])
```

指针变量的加减整数运算只能对数组指针变量进行,对指向其他类型变量的指针变量
做加减运算是没有意义的。

(2) 两指针变量相减运算。

两个指针变量可以进行相减运算,假设有两指针变量 p 和 q 指向数组 a,如图 5-5 所示,
q−p 相减所得结果是两个指针所指数组元素之间包含的元素个数。实际上是两个指针值
(地址)相减之差再除以该数组元素的长度(字节数)。设 p 的值为 2000H,q 的值为 2036H,
浮点数组每个元素占 4 个字节,所以 q−p 的结果为(2036H−2000H)/4=9,表示 p 和 q 之
间包含 9 个元素。

两个指针变量不能进行加法运算。p+q 是没有实际意义的。只有指向同一数组的两
个指针变量之间才能进行相减运算,否则运算也毫无意义。

下标引用	a[0]	a[1]	a[2]	a[3]	a[4]	a[5]	a[6]	a[7]	a[8]	a[9]
数组a	1	2	3	4	5	6	7	8	9	10
指针引用	p				p+4		q-3			q

图 5-5　数组指针变量赋值示意图

（3）两指针变量进行关系运算。

指向同一数组的两指针变量进行关系运算可表示它们所指数组元素之间的位置关系。例如：

p1==p2 表示 p1 和 p2 指向同一数组元素；

p1>p2 表示 p1 处于高地址位置；

p1<p2 表示 p2 处于低地址位置。

指针变量还可以与 0 比较。设 p 为指针变量，当 p==0 时，说明 p 是空指针，即不指向任何变量；空指针是由对指针变量赋予 0 值而得到的，在前面已经提到过。

例如：

```
# define NULL 0
int * p = NULL;
```

对指针变量赋 0 值和不赋值是不同的。指针变量赋 0 值时，表示它不指向具体的变量而已。而指针变量未赋值时，可以是任意值，是不能使用的，或者说使用起来是危险的。

5.3.4 指针的简单应用

指针变量可以和指针运算符"＊"结合使用实现间接访问指针变量指向的值。假设已做如下定义：

```
int a = 20, b = 30, * p;
p = &a;
```

即指针变量 p 指向了整型变量 a，则 printf(("%d",a)和 printf("%d", * p)是等价的。

```
 * p = b;
```

表示将 b 变量的值赋值给指针 p 所指向的变量（等价于 a=b），b = * p; 表示将指针 p 所指向的变量的值赋值给变量 b（等价于 b=a）。

【例 5-16】 通过指针访问变量。

```
# include < stdio. h >
void main()
{
    int a, b, * p1, * p2, c;
    a = 5; b = 10;
    p1 = &a;                      / * 把变量 a 的地址赋给指针变量 p1 * /
    p2 = &b;                      / * 把变量 b 的地址赋给指针变量 p2 * /
    c = * p1 + * p2;              / * 把 p1 指向的值与 p2 指向的值相加后赋值给变量 c * /
    printf(" % d, % d, % d\n", a, b, c);
                                  / * 通过变量直接输出 * /
    printf(" % d, % d\n", * p1, * p2);
                                  / * 通过指针变量间接输出 * /
}
```

运行结果：

```
5,10,15
5,10
```

程序说明：

（1）在程序中定义了两个整型变量 a,b 和两个整型指针变量 p1 和 p2。语句"p1＝&a;"和"p2＝&b;"将两个整型变量 a 和 b 的地址分别赋给了指针变量 p1 和 p2,使 p1 和 p2 分别指向了变量 a 和 b。

（2）语句 printf("%d, %d\n", *p1, *p2); 输出的是 *p1 和 *p2,即指针变量 p1、p2 所指变量,也就是变量 a 和 b。因此,它与语句 printf("%d, %d\n", a, b); 的功能是相同的。

（3）在程序中前后三次出现 *p1 和 *p2,它们的意义是不同的。语句 int a, b, *p1, *p2;中 *p1 和 *p2 表示定义了两个指针变量,它们前面的" * "表示 p1 和 p2 是两个指针变量。而语句 c＝*p1 ＋ *p2;和 printf("%d, %d\n", *p1, *p2);中出现的 *p1 和 *p2 是访问运算表达式,表示 p1 和 p2 所指向的存储单元的内容,即变量 a 和 b 的值。

【例 5-17】 交换两个指针变量所指向的变量的值。

```c
#include <stdio.h>
void main()
{
    int    *p1, *p2, a = 10, b = 20, t;
    p1 = &a; p2 = &b;
    printf("a = %d, *p1 = %d; b = %d, *p2 = %d\n", a, *p1, b, *p2);
    t = *p1; *p1 = *p2; *p2 = t;
    printf("a = %d, *p1 = %d; b = %d, *p2 = %d\n", a, *p1, b, *p2);
}
```

运行结果：

```
a = 10 , *p1 = 10 ; b = 20 , *p2 = 20
a = 20 , *p1 = 20 ; b = 10 , *p2 = 10
```

程序说明：

这个程序实际上是交换了变量 a 和 b 的值,而且交换是通过交换两个指针所指向单元的内容(*p1 和 *p2)来实现的。交换时用了一个中间变量 t。

【例 5-18】 通过指针变量输出变量 a,b 中的最大值和最小值。

```c
#include <stdio.h>
void main()
{
    int a, b, *p1, *p2, *p;
    scanf("%d, %d", &a, &b);
    p1 = &a;
    p2 = &b;
    if(a < b) {p = p1; p1 = p2; p2 = p;}
    printf("\na = %d, b = %d\n", a, b);
    printf("max = %d, min = %d\n", *p1, *p2);
}
```

运行输入：

5,10↙

运行结果：

```
a = 5, b = 10
max = 10, min = 5
```

程序说明：

（1）在程序中定义了两个整型变量 a,b 和两个整型指针变量 p1 和 p2。语句 p1＝＆a；和 p2＝＆b；将两个整型变量 a 和 b 的地址分别赋给了指针变量 p1 和 p2，使 p1 和 p2 分别指向了变量 a 和 b。

（2）语句{p＝p1；p1＝p2；p2＝p；}将指针变量 p1 和 p2 中存放的变量 a 和 b 地址进行交换，也就是说 p1 不再指向变量 a 而指向变量 b，p2 不再指向变量 b 而指向变量 a。交换的过程如图 5-6 所示。

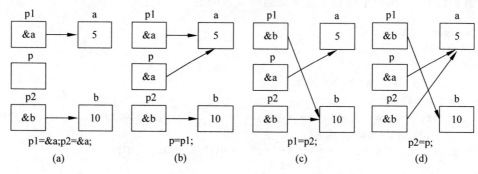

图 5-6   两个指针变量交换的过程

通过以上两例可以看到：交换地址和交换所指变量的值有着本质上的区别。

5.4   指针与数组

在 C 语言中无论一维数组还是二维数组，在内存中都是连续存储的。根据数组的存储特点，可以用指针变量指向数组元素，通过指针变量的移动来引用数组的每个元素。

5.4.1   指向一维数组的指针

C 语言中指针和数组有着密切的联系，既然每个数组元素相当于一个变量，那么指针变量可以指向一般的变量同样也可以指向数组元素，因此用数组下标的操作皆可以用指针来实现，那么如何定义一个指针变量，并使指针变量指向数组呢？请看例 5-19。

【例 5-19】   通过指针变量对数组输入输出。

```c
# include < stdio. h >
void main()
{
    int * p,i,a[10];
    p = &a[0];                          /* 指针指向数组中的第一个元素 */
    for(i = 0;i < 10;i++,p++)
        scanf ( " % d", p);             /* 采用指针法输入数组中的元素 */
```

```
        p = a;                    /*指针指向数组中的第一个元素,同 p = &a[0]; */
        for(i = 0;i < 10;i++,p++)
            printf("%5d", *p);    /*采用指针法输出数组中的元素*/
        printf("\n");
}
```

程序说明:

(1) 语句 p=&a[0];是将数组元素 a[0]的地址赋给指针变量 p,使指针 p 指向了 a[0]这个元素,即指向了数组的首地址,如图 5-7 所示。由于在 C 语言中数组名代表数组的首地址(起始地址),因此下列两条语句等价:

```
p = &a[0];
p = a;
```

(2) 程序中的第一个循环是将 10 个数读入数组 a 中,第二个循环将数组 a 中的元素输出。p++的作用是每次自加后指向下一个元素,因为 p++等价于 p=p+1。

(3) 语句 scanf ("%d", p);不能写成 scanf ("%d",&p);,因为指针变量 p 已经表示一个变量的地址了,就不能在 p 的前面加取地址运算符 & 了。

图 5-7 中表示了采用数组下标法和指针法引用数组元素的对应关系。如果 p 的初值为 &a[0],可以用语句 p=&a[0];或 p=a;实现,则:

(1) a+i 和 p+i 就是 a[i]的地址,或者说它们指向 a 数组的第 i 个元素。

(2) *(a+i)或 *(p+i)就是 a+i 或 p+i 所指向的数组元素,即 a[i]。例如, *(p+3) 或 *(a+3))就是 a[3]。

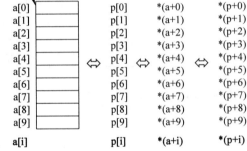

图 5-7 数组下标引用和指针引用的对应关系

(3) 指向数组的指针变量也可以带下标表示数组元素,*(p+i)可以写成 p[i],如 p[i] 与 *(a+i)、*(p+i)或 a[i]等价。

【例 5-20】 通过指针变量作为循环控制变量。

```
#include <stdio.h>
void main()
{
    int a[10], *p;
    for(p = a; p - a < 10;p++)
        scanf("%d",p);
    for(p = a; p - a < 10; p++)
        printf("%5d", *p);
    printf("\n");
}
```

下面介绍一下指针变量的自增和自减运算。

(1) p++等价于 p=p+1,即指针变量 p 向高地址移动,指针指向当前元素的下一个元素。注意:语句 int a[10];定义了数组 a,则 a++(a=a+1)是错误的,因为 a 作为数组的首地址是常量，其值不能改变。

（2）＊p++中由于++和＊优先级相同，结合方向自右而左，即＊(p++)，等价于{＊p 和 p++}。

（3）＊(p++)与＊(++p)作用不同。例如：

语句体(1)中＊(p++)等价于{＊p 和 p++}，因此输出的是 a[0]的值，即 1；

语句体(2)中＊(++p)等价于{p++和＊p}，因此输出的是 a[1]的值，即 2

```
语句体(1)                              语句体(2)
int a[5] = {1,2,3,4,5}, * p;          int a[5] = {1,2,3,4,5}, * p;
p = a;                                p = a;
printf(" % 5d\n", * (p++));           printf(" % 5d\n", * (++p));
```

（4）(＊p)++表示 p 所指向的元素值加 1，等价于＊p＝＊p+1。

将数组 a 和指向数组的指针 p 之间的联系归纳如表 5-1 所示。

表 5-1　指针与一维数组的联系

表　达　式	含　义
&a[i],a+i,p+i	数组元素 a[i]的地址
a[i], * (a+i), * (p+i),p[i]	数组元素 a[i]的值
p++,p--	使 p 后移或前移一个存储单元
* p++, * (p++)	先得到 p 指向的变量的值(* p)，再使 p 后移一个存储单元
* (++p)	先使 p 后移一个存储单元，再得到 p 指向的变量的值(* p)
(* p)++	使 p 指向的变量值加 1，即 * p＝ * p+1

【例 5-21】　实现对一维数组 a 中元素的值逆序存放。

程序代码：

```
# include < stdio. h >
void fun( int x[ ], int n)
{
    int  * front, * rear,t;
    front = x;
    rear = x + n - 1;
    while( front < rear)
    {
        t = * front;
         * front = * rear;
         * rear = t;
        front++ ;
        rear -- ;
    }
}
void main()
{
    int a[10] = {0,1,2,3,4,5,6,7,8,9}, * p;
    fun(a,10);
    p = a;
    while(p - a < 10)
    printf(" % 3d", * p++);
    printf("\n");
}
```

运行结果：

```
9 8 7 6 5 4 3 2 1 0
```

程序说明：

（1）定义两个指针变量 front、rear，并分别指向数组 a 的第一个元素（front＝x）和最后一个元素（rear＝x＋n－1）。

（2）while 循环的执行条件为 front＜rear，此表达式为两个指针变量间的比较。

（3）循环体中通过中间变量 t，交换指针 front 和 rear 指向的数据，而后 front 后移，rear 前移，直至 front＞＝rear，交换结束。

（4）程序最后使用地址 a＋10 表示数组元素以外的第 11 个单元，用来作为 while 循环的结束条件，这在 C 语言编译中不认为非法。

（5）＊p++等同于＊p 和 p++。

5.4.2 指向二维数组的指针

指针变量可以指向多维数组，这里以二维数组为例介绍多维数组的指针变量。设有单精度浮点型二维数组 a[3][3]，数据如下：

```
1  2  3
4  5  6
7  8  9
```

该数组的定义与初始化语句为：

```
float a[3][3] = {{1,2,3},{4,5,6},{7,8,9}};
```

设二维数组 a 的首地址为 2000，数组的逻辑结构和物理结构如图 5-8 所示。

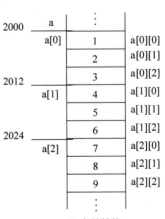

(a) 逻辑结构　　　　　　　　　　　　　　(b) 存储结构

图 5-8　二维数组的逻辑结构与物理结构

对于二维数组 a[3][3]，可以看成由 3 个一维数组 a[0]，a[1]，a[2]构成，每个一维数组又含有 3 个元素，可以认为二维数组是"数组的数组"，数组的逻辑结构如图 5-8(a)所示。

对于 a[0]数组：

含有 a[0][0],a[0][1],a[0][2]3 个元素。

对于 a[1]数组：

含有 a[1][0],a[1][1],a[1][2]3 个元素。

对于 a[2]数组：

含有 a[2][0],a[2][1],a[2][2]3 个元素。

二维数组 a 在内存中的物理存储形式如图 5-8(b)所示。

如果有以下定义：

```
float a[3][3], * p;
p = a[0];    / * 等价于 p = &a[0][0]; * /
```

设数组 a 的首地址为 2000(见图 5-9)，则：

(1) a+i 代表第 i 行首地址 &a[i]。

从二维数组的角度来看，a 代表二维数组的首元素的地址，现在首元素不是一个简单变量，而是由 3 个元素所组成的一维数组，因此 a 代表的是首行(第 0 行)的首地址，a+1 代表的是第 1 行的首地址，a+1 为 2012，因为第 0 行有 3 个浮点型数据，因此 a+1 的含义是 a[1]地址，即 &a[1]，a+2 代表的是 a[2]的地址，即 &a[2]。

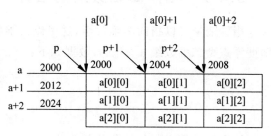

图 5-9　二维数组的指针

(2) a[i]代表第 i 行第一个元素的地址 &a[i][0]。

a[0],a[1],a[2]既然是一维数组名，而 C 语言又规定了数组名代表数组首元素地址，因此 a[0]代表一维数组 a[0]中第一个元素的地址，即 &a[0][0]。a[1]的值是 &a[1][0]，a[2]的值是 &a[2][0]。

(3) a[i]+j 和 * (a+i)+j 代表第 i 行第 j 列的地址 &a[i][j]。

在一维数组中曾提到过，假设 b 为一维数组，b[0]和 * (b+0)等价，b[1]和 * (b+1)等价，b[i]和 * (b+i)等价。而在二维数组中类推成立，a[0]+1 和 * (a+0)+1 的值都是 &a[0][1]，a[1]+2 和 * (a+1)+2 的值都是 &a[1][2]。

(4) * (a[i]+j)或 * (* (a+i)+j)代表 a[i][j]的值。

既然 a[0]+1 和 * (m+0)+1 的值都是 a[0][1]的地址，那么 * (a[0]+1)就是 a[0][1]的值，同理，* (* (a+0)+1)是 a[0][1]的值，* (a[i]+j)或 * (* (a+i)+j)是 a[i][j]的值。

(5) p+1 表示 a[0][1]的地址，等于 2004。

不能把 &a[i]理解为 a[i]的物理地址，因为并不存在变量 a[i]，它只表明一种地址的计算方法，以得到 i 行的首地址，在二维数组 a 中，a+i=a[i]= * (a+i)=&a[i]=&a[i][0]，即它们的地址值是相等的。

有关二维数组的各种写法及其含义如表 5-2 所示，其中 i 和 j 代表整数。

表 5-2 二维数组中的各种表达式及其含义

表 达 式	等 价 写 法	含 义
a	&a[0]	第 0 行的地址
a+i	&a[i]	第 i 行的地址
*a	a[0]、&a[0][0]	第 0 行第 0 列元素的地址
*(a+i)	a[i]、&a[i][0]	第 i 行第 0 列元素的地址
*a+j	a[0]+j、&a[0][j]	第 0 行第 j 列元素的地址
*(a+i)+j	a[i]+j、&a[i][j]	第 i 行第 j 列元素的地址
*(a[i]+j)	a[i][j]	第 i 行第 j 列的元素
((a+i)+j)	a[i][j]	第 i 行第 j 列的元素

【例 5-22】 用指针变量输出多维数组的元素值。

程序代码：

```
# include < stdio. h>
void main()
{
    static  int  a[3][3] = {1,2,3,4,5,6,7,8,9};
    int  * p;                /* 定义指针 p,注意是一个整数的指针变量 */
    p = a[0];                /* 也可写成 p = &a[0][0] */
    for(;p < a[0] + 9;p++)
    {
        if((p - a[0]) % 3 == 0) printf("\n");
        printf(" % 4d", * p);
    }
}
```

运行结果：

```
1    2    3
4    5    6
7    8    9
```

本例是顺序输出数组 a 中各个元素,比较简单,如果要输出某个元素 a[i][j],可以计算相对于数组起始位置的相对位置值 i * n+j(数组为 m 行 n 列)。例如：为获得 a[2][3]的地址,可以用 *(p+2 * 3+3)表示,这里假定 p 指向数组 a 的首地址。

5.4.3 行指针与指针数组

1. 行指针

C 语言中为多维数组专门定义一种指针变量：行指针变量。以二维数组为例,行指针变量说明的一般形式为：

类型说明符 (*指针变量名)[二维数组的列数];

例如：

设 p 为指向二维数组 a[3][3]的指针变量。可定义为：

```
int a[3][3], ( * p)[3];
```

它表示 p 是一个行指针变量，指向每行包含 3 个元素的二维数组。若指向二维数组的第一行的一维数组 a[0]，其值等于 a,a[0],或 &a[0][0] 等。而 p+1 则指向一维数组 a[1]，同理 p+i 则指向一维数组 a[i]，由此可以推出 * (p+i)+j 是二维数组 i 行 j 列的元素的地址，* (* (p+i)+j)则是 i 行 j 列元素的值。

【例 5-23】 用多维指针变量输出多维数组的元素值。

程序代码：

```c
# include < stdio. h >
void main()
{
    int a[3][4] = {1,1,1,1,2,2,2,2,3,3,3,3} ,i,j;
    int( * p)[4];
    p = a;
    for(i = 0;i < 3;i++)
    {
        for(j = 0;j < 4;j++)
            printf(" % 4d", * ( * (p + i) + j));
        printf("\n");
    }
}
```

运行结果：

```
1    1    1    1
2    2    2    2
3    3    3    3
```

2. 指针数组

数组元素值为指针的数组称为指针数组。指针数组的所有元素必须是具有相同存储类型和指向相同数据类型的指针变量。

指针数组说明的一般形式为：

类型说明符 * 数组名[数组长度]

其中类型说明符为指针值所指向的变量的类型。

例如：

```c
char * p[10];
```

表示 p 是一个指针数组，它有 10 个数组元素，存储的是字符型变量的地址。

指针数组常用来存储一组字符串，这时指针数组的每个元素被赋予一个字符串的首地址。

【例 5-24】 输入 6 个英文人名并按字母顺序排列后输出。

算法分析：

(1) 定义字符串排序函数，函数的形参为指针数组。

（2）定义字符串输出函数，函数的形参为指针数组。

（3）在主函数中定义指针数组并进行初始化，然后调用排序函数和输出函数。

程序代码：

```
# include < stdio. h>
# include < string. h>
void sort(char * name[ ], int n)
{
    char * p;
    int i,j,k;
    for(i = 0;i < n - 1;i++)
    {
        k = i;
        for(j = i + 1;j < n;j++)
            if(strcmp(name[k],name[j])> 0) k = j;
        if(k!= i)
        {
        p = name[i];
        name[i] = name[k];
        name[k] = p;
        }
    }
}
void output(char * name[ ], int n)
{
    int i;
    for (i = 0;i < n;i++) printf(" % s\n",name[i]);
}
void main( )
{
    char * name[ ] = { "TOM","JHON","KATE",
    "JACSON","MACEAL","ROBBERT"};
    int n = 6;
    sort(name,n);
    output(name,n);
}
```

运行结果：

```
JACSON
JHON
KATE
MACEAL
ROBBERT
TOM
```

程序说明：

（1）函数 sort 完成字符串排序，其形参为指针数组 name，即为待排序的各字符串数组的指针，形参 n 为字符串的个数。

（2）函数 output 完成字符串输出，其形参与 sort 函数的形参相同。

（3）主函数 main 中,定义了指针数组 name 并作了初始化赋值。然后分别调用 sort 函数和 output 函数完成排序和输出。值得说明的是在 sort 函数中,对两个字符串比较,采用了 strcmp 函数,strcmp 函数的参数 name[k]和 name[j]均为指针变量。字符串比较后需要交换时,只交换指针数组元素的值,而不交换具体的字符串,这样将大大减少时间的开销,提高了运行效率。交换的结果如图 5-10 所示。

图 5-10　字符串排序前后的指针变化

需要注意的是,指针数组和二维数组指针变量虽然都可用来表示二维数组,但是表示方法和意义不同。

例如：

```
int ( * p)[5];
```

表示定义一个指向二维数组的指针变量 p。该二维数组的列数为 5 或每行一维数组的长度为 5。

```
int * p[5]
```

表示定义一个指针数组 p,该数组有 5 个指针(地址)元素,分别是 p[0],p[1],p[2],p[3],p[4],它们均为指针变量。

5.4.4　指向字符串的指针

有两种方法存取一个字符串,一种是通过字符数组的方式,另一种是字符串指针的方式。下面通过两个例子的对比介绍一下用两种方法实现字符串输出的过程。

1. 字符数组的方法

```
# include < stdio. h>
void main()
{
    char str[ ] = "One World One Dream!";
    printf(" % s\n",str);
}
```

2. 字符串指针的方法

```
# include < stdio. h>
```

```
void main()
{
    char * str = "One World One Dream!";
    printf(" % s\n",str);
}
```

程序说明：

（1）采用字符数组的方法中，语句 char str[ ]＝"One World One Dream!"；定义了数组 str，同时进行了初始化，数组的大小由字符串的长度确定，str 是数组名，它代表字符数组的首地址。

（2）采用字符串指针的方法中，语句 char * str＝"One World One Dream!"；定义了字符串指针 str，同时进行了初始化，将字符串"One World One Dream!"的首地址赋予指针变量 str。

（3）字符串指针变量的定义与字符指针变量的定义相同。只能通过对指针变量的赋值不同来区别。对指向字符变量的指针变量应赋予该字符变量的地址。

例如：

char c, * pc = &c;

表示 pc 是一个指向字符变量 c 的指针变量。

char * str = "Winter Olympics";

则表示 str 是一个指向字符串的指针变量。

（4）char * ps＝"Winter Olympics"；

等价于：

```
char * ps;
ps = "Winter Olympics";
```

要正确理解上面赋值表达式的含义，不是将字符串"Winter Olympics"赋给了指针变量 ps，而是将该字符串的首地址赋给指针变量 ps，如图 5-11 所示。

图 5-11　字符串指针

【例 5-25】　统计所输入的字符串中大写字母的个数。

```
# include < stdio. h >
int fun(char * x)
{
    int n = 0;
    char * ps = x;
    for(; * ps;ps++)
        if( * ps > = 'A' && * ps < = 'Z') n++;
    return(n);
}
void main()
{
```

```
    char str[50];
    gets(str);
    printf("Capital letter count = % d\n",fun(str));
}
```

【例 5-26】 实现字符串的连接,即将 t 所指字符串复制到 s 所指字符串的尾部。例如: s 所指字符串为 abcd,t 所指字符串为 efgh,程序执行后 s 所指字符串为 abcdefgh。

程序代码:

```
# include < stdio. h>
# include < string. h>
void   fun(char * x,char * y)
{
    char * p, * q;
    p = x + strlen(x);
    q = y;
    while( * q)
      { * p++ = * q++; }
  * p = '\0';
}
void   main()
{
    char   s[100],t[50];
    gets(s);
    gets(t);
    fun(s,t);
    puts(s);
}
```

程序说明:

(1) 程序中通过使用 x+strlen(x)来获取字符数组 s 中最后一个有效字符的下一个内存单元的地址(字符串结束标志'\0'),并将该地址赋值给指针变量 p,也就是从 p 指向的位置开始存入字符数组 t 中的字符串。

(2) while 循环的功能是:只要指针变量 q 所指向的内存单元值不为'\0',就将 q 指向的值赋值给 p 指向的内存单元,然后指针变量 p 和 q 都移动一个内存单元。

(3) 当 q 指向的内容为'\0'时,说明字符串复制完毕,最后再将'\0'赋值给指针变量 p 所指向的内存单元,作为结束标记。

本章小结

本章的前部分我们学习了数组这种构造数据类型。数组是类型相同数据的集合,它的每个元素的数据类型都是相同的。掌握了一维数组、二维数组及字符数组的定义、初始化及元素引用方法,通过应用实例介绍了一些常用算法,如排序、求最大、最小值等。

对数组元素的引用是通过所谓的下标表达式进行的,操作时一是要注意数组元素的下标从零开始;另一要注意的问题是 C 系统对数组元素的下标不做边界检查,如:

```
int a[10];
```

只能有效引用 a[0],a[1],a[2],…,a[9] 这 10 个元素,如果程序中出现对 a[10] 的引用,这时 C 语言的编译系统不会出错,但 a[10] 的值是不确定的,也不是用户所需要的。

在 C 语言中,字符串是用字符数组存储的。一般地,一维字符数组是用来存储一个字符串,二维字符数组是用来存储多个字符串。在对字符串进行复制、比较、连接等操作不能直接使用关系运算符和赋值运算符,而必须使用字符串处理函数来实现。应掌握有关对字符串查询、统计、删除、插入等操作的实现算法程序设计。

本章的后部分我们学习了指针类型。通过学习我们应掌握指针的含义及指针的运算。重点应学会用指针方法引用数组元素及用指针方法操作字符串。

指针运算的小结:

(1)指针变量赋值:将一个变量的地址赋给一个指针变量。

```
int a, * p = &a;              /* 将变量 a 的地址赋给 p */
int a[10], * p = a;           /* 将数组 a 的首地址赋给 p */
int a, * p = &a, * q; q = p;  /* p 和 q 都是指针变量,将 p 的值赋给 q */
```

注意:不能将一个常数赋值给一个指针变量:int ＊ p＝2000;是错误的。

(2)指针变量加(减)一个整数。

例如:

```
p++、p--、p + i、p - i、p += i、p -= i
```

一个指针变量加(减)的变化量是以指针变量所指向的变量类型所占用的内存单元字节数为单位的。

(3)指针变量可以有空值,即该指针变量不指向任何变量:int ＊ p＝NULL;。

(4)两个指针变量的相减运算:如果两个指针变量指向同一个数组的元素,则两个指针变量值之差是两个指针之间的元素个数。

(5)两个指针变量的关系运算:如果两个指针变量指向同一个数组的元素,则两个指针变量可以进行比较。指向前面的元素的指针变量"小于"指向后面的元素的指针变量。

习题

1. 找出一批正整数中的最大的偶数。
2. 计算一批整数中值为正数的平均值(不包括 0)。
   例如:数组中元素的值依次为 39,−47,21,2,−8,15,0
   则程序的运行结果为 19.250000。
3. 有一个已排好序的数组,现输入一个数,要求按原来排序规律将它插入数组中。
4. 用选择法对 10 个整数排序。
5. 数组 a 中存有由大到小排好顺序的 10 个整数。输入一个整数 x,用二分法查找 x 是数组 a 中第几个元素的值。如果 x 不在数组 a 中,则输出"无此数"。
6. 生成并输出下面形式的 5 行 5 列二维数组。

```
1  2  3  4  5
2  3  4  5  6
3  4  5  6  7
4  5  6  7  8
5  6  7  8  9
```

7. 输出以下的杨辉三角形（输出前 10 行）。

```
1
1  1
1  2  1
1  3  3  1
1  4  6  4  1
1  5  10 10 5  1
……………………
```

8. 从键盘输入一字符串存入数组 str 中，统计其中大写元音字母 A、E、I、O、U 出现的次数并输出。

9. 输入一字符串存入数组中，逆序存放并输出。

10. 编程判断输入的字符串是否为"回文"，所谓"回文"是指顺读和倒读都是一样的字符串。例如：level。

11. 输入一字符串，统计其中大写字母、小写字母、空格、数字字符及其他字符各自出现的次数。

12. 输入一字符串存入数组 str 中，再将字符串中非字母字符删除，即只保留字符串中的字母字符，并统计新生成串中包含的字母个数。

13. 编写一个使用指针的 C 函数，交换数组 a 和数组 b 中的对应元素。

14. 输入 n 个整数，使前面各数顺序向后移 m 个位置，最后 m 个数变成最前面 m 个数，如下所示。

15. 写一函数，求一字符串的长度。在 main 函数中输入字符串，并输出其长度。

16. 设计一个函数，模拟字符串比较函数 strcmp(str1,str2)。

17. 编写一个利用指针变量完成的程序，能够返回一个字符串的子串。例如，主串为 s="Program Design"，假设运行程序 t=mystrsub(s,3,4)，应得到"ogra"。

指针与函数

本章将进一步深入学习有关函数和指针之间相关的知识,主要介绍指针作函数参数和函数类型为指针型等问题。

本章要点

➢ 掌握指针作函数参数实现函数调用获得多个值的方法。

➢ 掌握数组指针作参数实现函数调用的方法。

➢ 掌握返回值为指针型的函数定义方法。

6.1 指针作为函数参数

函数的参数不仅可以是整型、浮点型、字符型等类型,还可以是指针类型。指针类型参数和普通变量参数的传递方法一样,即实参到形参的单向值传递,它的作用是将指针变量的值(地址)传送到被调函数对应的参数。

6.1.1 指针变量作为函数参数

指针变量的值是地址,指针作函数参数和一般变量作函数参数的传递方法是一样的,即实参到形参的单向值传递,是将指针变量的值(地址)传送到被调函数对应的参数变量,要求对应的形参变量是与之相同数据类型的指针变量。看下面的例子:

【例6-1】 用函数实现两个变量值的交换。

程序代码:

```
# include < stdio. h>
void swap( int * q1, int * q2)
{
    int t;
    t = * q1;
    * q1 = * q2;
    * q2 = t;
}
void main()
{
    int a, b, * p1, * p2;
    scanf(" % d, % d", &a, &b);
```

```
    p1 = &a; p2 = &b;
    if(a < b)swap(p1, p2);
    printf ("%d, %d\n",a,b);
}
```

运行结果：

15,20
20,15

程序说明：

（1）用户自定义函数 void swap(int * q1，int * q2)，它的作用是通过指针变量作参数实现交换两个变量（a 和 b）的值。swap 函数的形参 q1、q2 是指针变量。在主函数中通过语句 p1＝&a；p2＝&b;将 a 和 b 的地址分别赋给指针变量 p1 和 p2,如图 6-1 所示。

图 6-1 指针变量 p1 和 p2 分别指向变量 a 和 b

（2）if(a < b)语句结果为真,因此调用函数 swap(p1，p2);。在函数调用时,将实参变量 p1 和 p2 的值传递给形参变量 q1 和 q2,也就是说形参 q1 的值为 &a,q2 的值为 &b。这时 p1 和 q1 同时指向变量 a,p2 和 q2 同时指向变量 b,如图 6-2 所示。

图 6-2 调用函数 swap 后的指针变量状态

（3）接着执行 swap 函数的函数体使 * p1 和 * p2 的值互换,也就是使 a 和 b 的值互换,如图 6-3 所示。

图 6-3 调用函数 swap 实现变量的交换

函数调用结束后,q1、q2 和临时中间变量 t 被释放,如图 6-4 所示,虚线表示变量已被释放。

（4）如果不用指针变量作为传递参数,见以下程序段,而直接用变量作为传递参数,想一想会不会实现交换。程序的执行过程如图 6-5 所示。图 6-5(a)表示调用函数 swap 实际参数 a、b 向形式参数值传递的过程。图 6-5(b)表示调用函数 swap 将形式参数 x、y 的内容

图 6-4　函数 swap 调用结束后的变量状态

图 6-5　用变量作为形式参数的执行过程

交换,调用结束之后动态局部变量 x、y 被释放,变量 a、b 的值没有发生改变。由此可见调用函数时,不能企图通过改变形参变量的值而使实参变量的值发生变化。

```
void swap(int x, int y)
{
    int t;
    t = x;x = y;y = t;
}
void main()
{
    int a = 15, b = 20;
    if(a < b)swap(a, b);
        printf ("%d, %d\n",a,b);
}
```

通过上面的例子可以看到,指针变量作参数时在被调函数中可以改变主调函数中变量的值。利用指针变量作参数这种方法,可以方便地实现调用一个函数得到多个值的问题,看下面的例子。

【例 6-2】　求已知数组中的最大值、最小值和平均值。

程序代码:

```
# include < stdio. h >
void fun( int x[ ],int n,int  * pd,int  * px,float  * pv )
{
    int k,fmax,fmin;
    float fver;
    fmax = fmin = fver = x[0];
    for(k = 1;k < n;k++)
    {
        fver + = x[k];
```

```
            if(x[k]> fmax) fmax = x[k];
            else if(x[k]< fmin) fmin = x[k];
        }
        fver/ = n;
        * pd = fmax;
        * px = fmin;
        * pv = fver;
    }
    void main()
    {
        int a[8] = {7,6,9,2,10,18,3,5},max,min;
        float ver;
        fun(a,8,&max,&min,&ver);        /* 数组指针、变量指针作参数    */
        printf("Max = % d    Min = % d    Ver = % f\n", max,min,ver);
    }
```

运行结果：

```
Max = 18   Min = 2   Ver = 7.500000
```

程序说明：

（1）在主函数中将变量 max,min,ver 的地址传给被调函数 fun,为函数 fun 的运行结果数据回写到主函数的变量中做准备。

（2）在函数 fun 中,先用我们熟悉的办法求得数组中的最大值、最小值和平均值,再将获得的值用指针访问运算方法存入主函数相应变量中。

通过这一熟悉的问题,我们也体会了通过指针作函数参数如何实现函数调用获得多个值的方法。

6.1.2　一维数组指针作为函数参数

在前一章的例题中介绍过数组名作为函数的参数,由于数组名代表数组的首地址,因此数组名作为函数的参数时,主调函数与被调函数间传递的是数组的首地址。所以,数组名作为函数参数时,被调函数对应的参数是一个基类相同的指针变量即可。看下面几种情况：

1. 实参为数组,形参既可以用数组也可以用指针变量

【例 6-3】　用指针法实现对一数组求最大值。

```
# include < stdio. h>
int fun(int * x, int n)
{
    int * p,m;
    m = * x;
    for(p = x + 1;x - p < n; p++)
        if( * p > m) m = * p;
    return(m);
}
void main()
{
```

```
    int i,a[10],max;
    printf("enter 10 integer numbers:\n");
    for(i = 0;i < 10;i++)
        scanf(" % d",&a[i]);
    max = fun(a,10);
    printf("max = % d\n",max);
}
```

实参 a 是数组名,形参 x 是指针变量,通过函数调用将 a 数组的首地址传递给指针变量 x,x 的初始值也是 &a[0],通过 x 变化也可访问数组 a 的任一个元素。

【例 6-4】 用选择法对数组中 10 个整数按由大到小的顺序排序。

所谓选择法排序就是:假设 10 个整数存放在 a 中,首先选择出数组中最大值元素将其与 a[0]对换;再选择 a[1]~a[9]中最大值元素将其与 a[1]对换;……每一轮中,选择出一个未经排序的数组中最大值元素与相应元素对换。共进行 9 轮对换即完成排序。

例如对 5 个整数:6,3,7,5,9 由大到小进行排序的过程。

```
        a[0] a[1] a[2] a[3] a[4]
原顺序: 2    4    9    6    8
第 1 轮:9         2              5 个元素中最大值 a[2]与 a[0]对换
第 2 轮:     8              4    余下 4 个元素中最大值 a[4]与 a[1]对换
第 3 轮:          6    2         余下 3 个元素中最大值 a[3]与 a[2]对换
第 4 轮:               4    2    余下 2 个元素中最大值 a[4]与 a[3]对换
```

对 10 个整数由大到小进行排序的程序代码:

```c
# include < stdio. h >
void sort( int x[ ], int n)
{
    int i,m,k,t;
    for(i = 0;i < n - 1;i++)
    {
        k = i;
        for(m = i + 1;m < n;m++)
        if(x[m]> x[k])   k = m;
            if(k!= i) {t = x[k];x[k] = x[i];x[i] = t;}
    }
}
void main( )
{
    int a[10],i;
    printf("enter the array: \n");
    for(i = 0;i < 10;i++)
        scanf(" % d",&a[i]);
    sort(a,10);
    printf("the sorted array :\n");
    for(i = 0;i < 10;i++)
        printf(" % 4d",a[i]);
    printf("\n");
}
```

程序运行情况：

运行时输入：

enter the array:
5　21　35　11　8　4　13　9　16　28↙

运行结果：

the sorted array:
35　28　21　16　13　11　9　8　5　4

程序说明：

本例中输入 10 个无序的整数存入数组 a 中，执行调用函数 sort(a,10)，而函数 sort 是对形参数组 x 采用选择法由大到小的顺序进行排序。调用结束后输出数组 a，结果数组 a 中的元素变为由大到小的顺序，说明形参数组 x 的改变使得实参数组 a 随之改变，也认证了形参数组与实参数组在内存中共占同一存储单元，是同一数组，只是数组名不同罢了。

函数 sort 用数组名作为形参，也可改为用指针变量，这时函数可以改为：

```
void sort(int * x, int n)
{
    int i,j,k,t;
    for(i = 0;i < n - 1;i++)
    {
        k = i;
        for(j = i + 1;j < n;j++)
            if(x[j]< x[k])k = j;
        if(k!= i)
            {t = x[i];x[i] = x[k];x[k] = t;}
    }
}
```

2. 实参、形参都用指针变量

【例 6-5】 用函数实现字符串反序存放。

```
void fun(char * str,int n)
{
    char ch, * p, * q;
    for(p = str,q = str + n - 1;p < q;p++,q-- )
    {ch = * p;
     * p = * q;
     * q = ch;
    }
}
void main()
{
    char s[100], * pt;    int len;
    printf("input a string:");
    gets(s);
    len = strlen(s);
```

```
        pt = s;
        fun(pt,len);
        printf("The new string is :");
        puts(s);
}
```

实参 pt 和形参 str 都是指针变量,先使 pt 指向数组 s,p 的值为 &s[0],然后将 p 值传递给 str,str 的初始值也是 &s[0],通过 str 变化也可访问数组 s 的任一个元素。

【例 6-6】 用一函数实现字符串的复制。

```
# include < stdio. h >
void copys(char * from,char * to)
{
    while(( * to = * from)!= '\0')
    {
        from++;
        to++;
    }
    * to = '\0';
}
void main()
{
    char  * pa = "One World One Dream!", * pb, b[50];
    pb = b;
    copys(pa, pb);
    printf("\n string - a = % s \n string - b = % s\n",pa,pb);
}
```

程序说明:

(1) 在 while 语句中把赋值语句和判定语句合二为一,先赋值再判定,因此当最后一个字符'\0'赋予 * to 后,结束循环,因而不必再加上 * to= '\0';语句。该语句简化为:

```
while(( * to++ = * from++)!= '\0');
```

(2) 由于字符可用 ASCII 码值来代替,'\0'的 ASCII 码为 0,在 while 中 0 代表"假",非 0 代表"真",因此可进一步简化为:

```
while( * to++ = * from++);
```

请读者尝试修改上面程序并加以验证。

【例 6-7】 在一整型数组中找出其中最大的数及其下标。

程序代码:

```
# include < stdio. h >
#define N 10
int fun( int * a,int * b, int n)          /* 前两个参数为指针变量,第 3 个参数为数组长度 */
{
    int  * t,max = * a;
    for(t = a + 1;t < a + n;t++)
        if( * t > max)                    /* 记录最大值及其下标 */
        {
```

```
            max = * t;
             * b = t - a;
        }
        return max;                        /* 返回最大值 */
    }
    void main()
    {
        int a[N], i, max, p = 0;
        printf("please enter 10 integers:\n");
        for(i = 0; i < N; i++)
            scanf(" % d", &a[i]);
        max = fun(a, &p, N);               /* 调用函数 fun */
        printf("max = % d, position = % d", max, p);
    }
```

运行结果：

```
Please enter 10 integers:
18 32 65 78 97 40 44 59 80 29
Max = 97, position = 5
```

程序说明：

（1）本程序在 main 函数中定义了一个长度为 10 的一维数组，并通过 scanf 函数为一维数组 a 赋初值，此处的数组长度 N 为之前定义的符号常量，其值为 10。

（2）函数调用语句 fun(a, &p, N)，包含 3 个参数：第一个参数 a 为数组名（数组首地址）；第二个参数为 &p，即整型变量 p 的内存地址，用来记录数组最大值的下标；第三个参数为数组长度 N。

（3）函数 fun 中有 3 个形参。最后一个形参为整型变量，用来接收数组长度值，前两个参数"int * a, int * b"都是指向整型数据的指针变量，但二者是有区别的。指针变量 a 用来指向数组的首地址，与实参数组名 a（数组首地址）相对应，而指针变量 b 用来存放最大值的下标，与实参 &p（整型变量 p 的内存地址）相对应。

（4）在 fun 函数体中定义了一个指针变量"int * t"，在 for 循环中 t 的初值被定义为 t = a+1，即数组中的第二个元素的内存地址，循环执行的条件为"t < a+n"，此处用到指针变量的比较，数组中最后一个元素的内存地址为 a+n−1，即指针变量 t 要在 a+1 和 a+n−1 两个地址之间移动，不能越界。"t++"说明每次循环处理完指针后移一位。

（5）for 循环体中，如果指针变量 c 指向元素值比 max 大，就记录当前的最大值及下标，下标通过两个指针相减得到，即 t−a，并把得到的下标记录到指针变量 b 中，最后返回最大值。

6.1.3　二维数组指针作为函数参数

在第 5 章中我们介绍了二维数组的指针，二维数组名也代表着二维数组在内存中的首地址，但二维数组名与一维数组名所表示的指针是不同的，二维数组名代表着二维数组第一行所有元素的首地址，即它是行指针。因此，二维数组名作为实参时，被调用函数中对应的形参可以是行指针变量。看下面的例子：

【**例6-8**】 求出二维数组每行元素中的最大值。

```c
#include <stdio.h>
#define M 3
#define N 4
void fun(int (*x)[4],int *y,int m,int n)   /* 形参 x 为行指针变量 */
{
    int k,i;
    for(k=0;k<m;k++)
    {
        y[k]=x[k][0];
        for(i=1;i<n;i++)
            if(x[k][i]>y[k])   y[k]=x[k][i];
    }
}
void main()
{
    int a[M][N]={{5,7,19,8},{3,12,6,4},{7,18,37,22}},max[3],i,j;;
    for(i=0;i<M;i++)
    {
        for(j=0;j<N;j++)
            printf("%4d",a[i][j]);
        printf("\n");
    }
    fun(a,max,M,N);                        /* 二维数组名 a 作为实参 */
    for(i=0;i<M;i++)
        printf("The %d Line max_alue is %d\n",i+1,max[i]);
    printf("\n");
}
```

程序运行结果：

```
    5   7  19   8
    3  12   6   4
    7  18  37  22
The 1 Line max_alue is 19
The 2 Line max_alue is 12
The 3 Line max_alue is 37
```

6.2 指针型函数与函数指针

指针型函数是指函数值的类型是指针型,即函数的返回值是指针。而函数指针是指函数本身在内存中所占连续存储空间的起始地址。

6.2.1 指针型函数

在 C 语言中允许一个函数的返回值是一个指针(即地址),这种返回指针值的函数称为指针型函数。指针型函数定义的一般形式为：

```
类型说明符 * 函数名([形参列表])
{
    函数体
}
```

其中函数名前加了"＊"号表明函数的返回值是一个指针，即是一个指针型函数，类型说明符表示了返回的指针值所指向的数据类型。

【例 6-9】 通过指针型函数返回数组中最大值元素的指针。

```
# include < stdio. h >
# define N   10
int * fun(int * x, int n)
{
    int k, * m;
    m = x;
    for(k = 1;k < n;k++)
        if( * (x + k)> = * m) m = x + k;
    return m;
}
void main()
{
    int a[N],k, * p;
    printf("please enter 10 integers:\n");
    for(k = 0;k < N;k++)
        scanf(" % d",&a[k]);
    p = fun(a,N);
    printf("max = % d\n", * p);
}
```

函数 int ＊ fun(＊ x, int n)的功能是求指针变量 x 所指数组中最大值元素的地址，并把最大值元素的地址返回。

6.2.2　函数指针

通常一个函数的代码占用一段连续的内存空间，简称函数名，实际上函数名就代表着函数的代码在内存中的起始地址。

用来存放函数地址的指针变量称为指向函数的指针变量，简称函数指针。可用函数指针来调用这个函数，但需先定义函数的指针变量并指向该函数。

函数指针变量定义的一般形式为：

类型说明符　(＊指针变量名)(参数表);

说明：

(1) 其中"类型说明符"表示被指函数的返回值的类型；

(2) "(＊指针变量名)"表示"＊"后面的变量是定义的指针变量；

(3) 最后括号表示指针变量所指的是一个函数。

例如：

```
int ( * pf)();
```

表示 pf 是一个指向函数入口地址的指针变量,该函数的返回值(函数值)是整型。

【例 6-10】 本例用来说明用指针形式实现对函数调用的方法。

```
# include < stdio. h >
int max( int a, int b)
{
    return (a > b ? a:b);
}
void main()
{
    int x, y, m;
    int ( * fp)();                        /* 定义函数指针变量 */
    fp = max;                            /* 函数名就代表函数的地址 */
    printf("Input two numbers:\n");
    scanf(" % d, % d",&x,&y);
    m = ( * fp)(x, y);                    /* 用函数指针调用函数 */
    printf("max = % d",m);
}
```

程序说明:

(1) 语句 int (* fp)();表示定义 fp 为函数指针变量,函数的返回值为整型。

(2) 语句 fp＝max;表示把被调函数的入口地址(函数名)赋予函数指针变量 fp。

(3) 语句 m＝(* fp)(x, y);表示通过函数指针变量调用函数 max。

注意:函数指针变量不能进行算术运算,这是与数组指针变量不同的。函数调用中"(* 指针变量名)"的两边的括号不可少。

如果函数指针仅仅好似替代函数名去调用函数,那就失去了引入函数指针的意义了,如果将函数指针作为函数的参数,那么它的作用就很大了。看下面的例子:

【例 6-11】 函数指针作为函数参数。

```
# include < stdio. h >
int max( int a, int b)
{
    return a > b ? a:b;
}
int min( int a, int b)
{
    return a < b ? a:b;
}
int max_min( int ( * p)(), int a, int b)
{
    return ( * p)(a,b);
}
void main()
{
    int x, y, m, n, ( * p)();
    scanf(" % d % d",&x,&y);
    p = max;
```

```
    m = max_min(p,x,y);
    p = min;
    n = max_min(p,x,y);
    printf("max = % d,min = % d",m,n);
}
```

需要特别注意的是,函数指针变量和指针型函数这两者在写法和意义上是完全不同的。例如:

(1) int(* p)()。

int (* p)()是一个变量说明,说明 p 是一个指向函数指针变量,该函数的返回值是整型量。

(2) int * p()。

int * p()是函数说明,说明 p 是其一个返回值,是一个指向整型量的指针。对于指针型函数定义,int * p()只是函数头部分,一般还应该有函数体部分。

6.3 函数的其他问题

6.3.1 函数的递归调用

递归是一种简化复杂问题求解的手段,所采用的办法是先将问题逐步简化,但在简化过程中保持问题的本质不变,直到问题最简,然后通过最简问题的解答逐步得到原来问题的解。

在 C 语言中,递归求解的过程是通过函数的递归调用来实现的。如果在调用函数的过程中出现直接或间接地调用该函数本身,称为函数的递归调用。如函数在本函数体内直接调用本函数,则称为直接递归调用;如函数调用其他函数,其他函数又调用了本函数,则称为间接递归调用。

直接递归调用和间接递归调用的形式如下:

(1) 直接递归调用。

```
void fun()
{
    ⋮
    if(表达式)fun();          /* 函数 fun 中调用 fun,直接递归调用 */
    ⋮
}
```

(2) 间接递归调用。

```
void f()
{
    ⋮
    g();                     /* 函数 f 中调用函数 g */
    ⋮
}
void g()
```

```
{
    ⋮
    if(表达式)f();                  /*函数 g 中调用函数 f,间接递归调用 */
    ⋮
}
```

直接递归调用和间接递归调用有一个共同点:形成一个无中止的循环调用。程序设计中不允许出现这种无限循环,这可以在递归函数体内用 if 语句来控制,当某条件成立时继续递归调用,否则不再继续。递归的过程可以这样描述:

```
if(递归中止条件) return (中止条件下的值);
else return (递归公式);
```

C 语言系统允许函数进行递归调用。看下面递归调用的例子。

【例 6-12】 用递归方法求 n!。

用递归方法求解的思路:

n! 是 $1 \sim n$ 的乘积,即: $n! = 1 \times 2 \times 3 \times \cdots \times (n-1) \times n$,可以用前面的循环方法求得,但对计算 n! 更有效的方法是利用 $(n-1)!$ 的结果,即通过 $n! = n \times (n-1)!$,在此基础上,可以得到对计算阶乘的过程重新定义:

$$n! = \begin{cases} 1 & n=1 \\ n \times (n-1)! & n>1 \end{cases}$$

这种新的定义形式实际就是递归算法,其本质在于将问题分解为更小的一些子问题,对子问题可以用同样的算法求解,当子问题达到可以直接得到答案时问题的分解过程结束,进而可以由这些子问题逐步得到原来问题的解。

例如,求 5! 的递归过程:

```
5!= 5 × 4!
       4!= 4 × 3!
              3!= 3 × 2!
                     2!= 2 × 1!
                            1!= 1
```

按上述相反的过程回溯计算,就得到 5! 的计算结果:

```
                            1!= 1
                     2!= 2 × 1!= 2
              3!= 3 × 2!= 6
       4!= 4 × 3!= 24
5!= 5 × 4!= 120
```

程序代码:

```
# include < stdio.h>
long jc( int n)
{
    long t;
    if(n == 1) t = 1;
    else  t = n * jc(n-1);        /*直接递归调用*/
```

```
        return(t);
    }
    void main( )
    {
        int n;
        long p;
        scanf(" % d",&n);
        p = jc(n);
        printf(" % d! = % ld\n",n,p);
    }
```

运行情况如下：

输入：5↙

运行结果：

5!= 120

程序说明：

分析函数 jc() 的调用过程：当 n>1 时，函数调用 jc(5) 转化为函数 jc(4) 的调用，这个过程直到调用 jc(1) 时得到结果 1 时递归过程结束，之后，jc(2) 通过 2 * jc(1) 得到……jc(5) 通过 5 * jc(4) 得到，这是一个回溯过程。

6.3.2　函数的声明

在一个函数中调用某一已定义的函数（即被调用函数）时，在调用之前一般需要对被调用函数进行声明（说明）。函数声明的作用是告知编译程序本函数将要调用某个函数的函数名、函数类型、参数类型及个数。

函数声明一般形式为：

① 函数类型　函数名(参数类型 1,参数类型 2, …);
② 函数类型　函数名(参数类型 1 参数名 1,参数类型 2 参数名 2, …);

对函数的声明与该函数定义时函数的函数名、函数类型、参数类型及次序相一致。例如在例 6-11 的主函数 main 中，对函数 fun 做声明：

```
long jc(int);
```

也可以对函数 fun 做如下声明：

```
long jc(int z);
```

其中的参数名 z 可以和函数定义时的对应形式参数名不同。

C 语言规定，在调用函数前以下 3 种情况可以不对被调函数做声明：

（1）如果被调函数的值（函数的返回值）是整型或字符型，可以不必进行声明，系统对它们自动按整型声明。

（2）如果被调函数的定义出现在主调函数之前，可以不必加以声明。因为编译系统已经先知道了已定义的函数类型，会自动处理的。

（3）如果已在所有函数定义之前，在文件的开头声明了函数类型，则在各个函数中不必对所调用的函数再做类型声明。

【例 6-13】 求一批数中正数的平均值。

```
#include <stdio.h>
#define N 10
void main()
{
    float a[N],aver;
    int k;
    float average(float * x,int n);      /* 函数声明 */
    for(k = 0;k < N;k++)
        scanf(" % f",&a[k]);
    aver = average(a,N);
    printf("average = % f\n",aver);
}
float average(float * x,int n)
{
    int k,m = 0;
    float  s = 0;
    for(k = 0;k < n;k++)
        if(x[k]> 0){s = s + x[k];m++;}
    return(s/m);
}
```

值得注意的是：对函数的"定义"和"声明"是两个完全不同的概念。函数的定义是指对函数功能的确立，包括指定函数的名字、函数值类型、形参及其类型、函数体等，它是一个完整的、独立的函数单位。而函数声明的作用是把将要调用某个函数的函数名、函数类型、参数的类型、个数及顺序通知编译系统，以便在调用该函数系统按此进行对照检查。

6.3.3　全局变量的声明

在函数外部定义的变量是全局变量，它的作用域是从变量的定义处开始的，到本程序文件的末尾。全局变量有用 extern 声明的外部变量和 static 声明的全局变量两种。当未对全局变量指定存储类别时，隐含为 extern 类别。用 extern 和 static 声明的全局变量都是静态存储方式（存放在静态存储区），都是在编译时分配内存的。

1. 用 extern 声明的外部变量

用 extern 来声明的外部变量，可以扩展外部变量的作用域。如果外部变量不是在文件的开头定义，其有效的作用范围是从变量的定义处到本程序文件的结束。如果在定义点之前的函数想引用该外部变量，则应该在引用之前用关键字 extern 对该外部变量做"外部变量声明"，表示该变量是一个已经定义的外部变量。这样，就可以从"声明"处起合法地使用该外部变量。例如：

【例 6-14】 用 extern 声明外部变量，扩展外部变量的作用域。

```
#include  <stdio.h>
```

```
void fun( )
{
    extern int x, y;              /* 声明 x,y 为外部变量 */
    int a = 15, b = 10;
    x + = a + b;
    y + = a - b;
}
int x, y;
void main()
{
    int a = 8, b = 5;
    x = a + b;
    y = a - b;
    fun();
    printf("%d, %d\n", x, y);
}
```

运行结果：

38,8

程序说明：

定义外部变量 x,y 的位置虽然在函数 fun 之后,但在函数 fun 中引用前用 extern 做声明,这样就可以合法使用全局变量 x 和 y 了。

如果一个程序包含两个文件,在两个文件中都要用到同一个外部变量 Ext,不能分别在两个文件中各自定义一个外部变量 Ext,否则在进行程序连接时会出现"重复定义"的错误。正确的做法是：在任一个文件中定义外部变量 Ext,而在另一个文件中用 extern 对 Ext 做"外部变量声明",即通过语句"extern Ext;"声明,就实现了将另一文件中定义的外部变量 Ext 的作用域扩展到本文件,在文件中可以合法使用外部变量 Ext 了。

2. 用 static 声明的全局变量

有时在程序设计中希望某些外部变量只限于被本文件引用,而不能被其他文件引用,这时可以在定义外部变量时加一个 static 声明。

例如：

```
/* file1.c */
# include < stdio.h >
static int a;                    /* 只限于 file1.c 引用 */
void main()
{
    ⋮
}
    ⋮
```

加上 static 声明且只限于本文件引用的外部变量称为静态外部变量。在程序设计中,常由若干人分别完成各个模块,各人可以独立地在其设计的文件中使用相同的外部变量名而互不干扰,只需在每个文件中的外部变量前加上 static 即可。这样,既为程序的模块化、通用性提供方便,也可避免外部变量被其他文件误用,产生麻烦。

6.3.4 内部函数和外部函数

一个 C 程序可以由多个函数组成,通常这些函数保存在多个程序文件中。函数本质上是全局的,因为一个函数要被另外函数调用,但是,也可以指定函数不能被其他文件调用。根据函数能否被其他文件调用,将函数分为内部函数和外部函数。

1. 内部函数

如果一个函数只能被本文件中的其他函数所调用,称它为内部函数,内部函数又称为静态函数。在定义内部函数时,在函数名和函数类型前加 static,即内部函数定义形式为:

```
static  类型标识符  函数名(形参表)
       {  函数体  }
```

使用内部函数,可以使函数的作用域只局限于所在文件,在不同的文件中有同名的内部函数,互不干扰。这样不同的人可以分别编写不同的函数,而不必担心所用函数是否与其他文件中的函数同名,通常把只能由同一文件使用的函数和外部变量放在一个文件中,在它们前面加上 static 使其局部化,其他文件不能使用。

2. 外部函数

除内部函数外,其余的函数都可以被其他文件中的函数所调用,同时在调用函数的文件中应加上 extern 关键字说明。外部函数定义形式为:

```
extern  类型标识符  函数名(形参表)
       {  函数体  }
```

C 语言规定,如果在定义函数时省略 extern,则隐含为外部函数。因此,本书前面定义的函数都是外部函数。

6.3.5 文件包含处理

所谓文件包含处理,是指一个源文件可以将另一个源文件的全部内容包含进来,即将另外的文件包含到本文件之中。C 语言提供了 #include 命令,用来实现"文件包含"的操作。其一般形式为:

```
# include "文件名"
```

或

```
# include <文件名>
```

实际上,在前面所列举的例子中已经用到了文件包含处理。例如:

```
# include  <stdio.h>
# include  <math.h>
# include  <string.h>
```

在程序中为了引用系统提供的标准库函数，在引用之前我们需要将相应的"头文件"包含进来，才能正确引用其中的标准库函数。

另外，可以把一些常用的程序编成函数以文件的方式保存起来，在程序中用文件包含的方式把它包含在源程序中，可实现"函数共享"。例如，把一些程序编成函数保存在 C 源程序文件file.h 中，其内容为 A，另一个 C 源程序文件 file.c，它在头部有一条 ♯include < file.h >命令，其他内容为 B，如图 6-6(a)所示。在对文件 file.c 进行编译预处理时，将以 file.h 中的内容为 A 置换文件 file.c 中 ♯include < file.h >命令，即 file.h 被包含到 file.c 中，如图 6-6(b)所示。然后由编译程序对"包含"以后的 file.c 作为一个源程序文件进行编译。

file.c   file.h   file.c

#include <file.h>

内容A

内容B

内容A

内容B

(a) 预处理前两文件的情况   (b) 预处理后file.c的情况

图 6-6   include 命令示意图

对文件包含命令还要说明以下几点：

（1）包含命令中的文件名可以用双引号引起来，也可以用尖括号括起来。例如以下写法都是允许的：

```
# include "stdio.h"
# include  < math.h >
```

但是这两种写法在文件的路径搜索的顺序上有区别：使用尖括号(<>)表示在包含文件路径中查找（包含路径是由用户在设置环境时设置的），而不在源文件路径查找，如果没有找到指定的文件，就到包含路径中查找。用户编程时可以根据自己文件所在的路径来选择某一种命令形式。

（2）文件包含命令每行写一条，只能写一个文件名，结尾不加";"。被包含的文件必须是源文件而不能是目标文件。文件名可以任意，但通常以"h"作为后缀，被包含文件通常放在包含文件的头部，因此被包含文件常被称为"头文件"。

（3）一个 ♯include 命令只能指定一个被包含文件，若有多个文件要包含，则需用多个♯include 命令。

（4）如果文件 file1 包含文件 file2，而在文件 file2 中又要包含文件 file3 的内容，则可在文件 file1 用两个 ♯include 命令分别包含文件 file2 和文件 file3，而且文件 file3 要出现在文件 file2 之前，即在文件 file1.c 中定义：

```
# include < file3.h >
# include < file2.h >
```

这样 file1 和 file2 都可以用 file3 的内容。

本章小结

本章对指针、函数及两者之间的相关知识做了进一步的介绍,主要内容包括指针变量作函数参数、数组指针作参数、指针型函数及函数指针。

用指针变量作函数参数可以实现函数调用获得多个值,是利用指针可直接访问内存变量的方法,从而跨越各函数间变量的屏蔽(各函数的局部变量独立),将被调函数中所需要的值用指针访问的方法写入主调函数中。

数组指针作参数函数时,主调函数向被调函数传递的是数组首地址(指针),被调函数对应的形参可以是基类相同的数组,也可以是基类相同的指针变量,但实质都是告诉被调函数到内存中哪个地方(地址)去访问该数组。

指针型函数是指函数值的类型为指针型,即函数的返回值是一个地址。实际应用中注意此时函数的定义形式:

类型说明符 *函数名(形参列表)
   { 函数体}

对于函数的递归调用,理解其解决问题的思想很关键。递归是一种简化复杂问题求解的方法,当所要求解的问题可逐步简化,但在简化过程中保持问题的本质不变,直到问题最简(最简问题的求解显而易见),然后通过最简问题的解答逐步得到原来问题的求解。

内部函数和外部函数:内部函数用 static 做说明,只能被本文件中其他函数所引用;外部函数用 extern 做说明,可以省略,外部函数可以被其他文件所引用。

习题

1. 编写一函数,统计一个字符在一字符串中出现的次数。在主函数中输入字符及字符串,并输出统计结果。

2. 编写一函数,功能是将两个字符串连接(不使用 strcat 函数)。

3. 编写一函数,求 10 个整数的最大值和最小值的差。

4. 编写一函数,将一个 3×4 的整型矩阵进行转置并将结果保存到另一个二维数组中,在主函数中输入数据与输出结果。

5. 编写一函数,求一个二维数组中的最大值、最小值及平均值。在主函数中输入二维数组和输出计算结果(要求用全局变量)。

6. 编写一函数,其功能是统计一个字符串中字母、数字和其他字符分别出现的个数。在主函数中输入字符串和输出统计结果(要求用全局变量)。

第7章 结构体与共用体

在实际应用中,我们常会处理这样的问题:建立班级学生信息表,包括学生的学号、姓名、性别、电话、籍贯、身份证号、家庭住址等信息,而这样的信息用前面学过的知识很难处理。如数组所处理的数据必须是相同类型的,基本数据类型更是没办法来表示这样的问题。为了解决此类问题,C 语言提供了一种新的数据类型,用户可以自己建立由不同类型数据组成的数据结构,它称为结构体。本章主要介绍结构体类型的使用、结构体指针和链表等,并简单介绍共用体类型和枚举类型的概念。

本章要点

➤ 掌握结构体类型、结构体变量、结构体数组的定义和使用。

➤ 掌握结构体类型指针的概念和使用。

➤ 掌握结构体作为函数的参数和返回值的使用。

➤ 掌握共用体类型、共用体变量的定义和使用。

➤ 理解链表的概念和建立。

➤ 了解枚举类型的定义和使用。

7.1 结构体数据类型

在前面介绍的数据类型(整型、字符型、浮点型等)都包含一种类型的数据,即使数组也只能包含多个同种类型的数据。但在实际问题中,往往需要将一组不同类型的数据统一来进行处理。例如:一个学生的学号(整型)、姓名(字符型)、性别(字符型)、年龄(整型)、成绩(浮点型)等,这些数据是属于一个学生的,如图 7-1 所示。若将这些信息定义为独立变量,则难以反映它们之间的内在联系。为了解决这个问题,C 语言定义了一种构造数据类型——结构体,该类型允许用户将不同类型的数据组成一个新的数据结构。

num(学号)	183303001	整型
name(姓名)	Liming	字符型
sex(性别)	M	字符型
age(年龄)	18	整型
score(成绩)	95.5	浮点型

图 7-1 学生基本信息

7.1.1 结构体类型的定义

结构体是一种构造数据类型,结构体中包含的数据元素称为成员,一个成员可以是一个基本数据类型,也可以是一个构造类型。既然结构体是一个构造类型,那么使用之前必须先"构造"它,然后再用它定义相应的变量。

构造一个结构体类型的一般形式为:

struct 结构体名
{
类型说明符 1 成员名 1;
类型说明符 2 成员名 2;
 ⋮
类型说明符 n 成员名 n;
};

每个成员都是该结构体类型的一个组成部分,每个成员可以是一个基本数据类型,也可以是一个构造类型。成员名的命名应符合标识符的书写规范。

例如:建立学生基本信息的结构体类型。

```
struct   student
{
    long num;                      /*学号为整型*/
    char name[15];                 /*姓名为字符型*/
    char sex;                      /*性别为字符型*/
    int age;                       /*年龄为整型*/
    float score;                   /*成绩为浮点型*/
};
```

在这个结构体定义中,student 为结构体名称,一般情况下,用有一定意义的单词或单词的缩写组合作为结构体的名称。num、name、sex、age 和 score 为该结构体中的 5 个成员,如图 7-1 所示。其中 num 为长整型变量;name 为字符数组;sex 为字符变量;age 为整型变量;score 为浮点型变量。结构体是一个整体,因此结构体中的每个成员不能脱离结构体单独使用。

7.1.2 结构体类型变量的定义

构造了结构体类型后,即可用定义的类型来声明变量。以结构体 student 为例,凡定义为结构体 student 的变量都由上述 5 个成员组成。成员名可以与程序中变量名相同,两者互不干扰。

结构体变量定义有以下 3 种方法。

1. 先构造结构体类型,再定义结构体变量

例如:

```
struct student
{
```

```
    long num;
    char name[15];
    char sex;
    int age;
    float score;
};
struct student stu1,stu2;
```

本例中我们先定义了结构体类型 student，然后用该类型定义了两个结构体变量 stu1 和 stu2。struct student 代表的是类型名，就如同定义浮点型变量时（如 float a,b;），其中 float 是类型名是一样的。stu1 和 stu2 是变量，每个变量都分别有 5 个成员，用来存放相应的数据，如图 7-2 所示。结构体类型所占有的内存字节数是所有成员的字节数之和（在 Turbo C2.0 版本中）。

stu1:	183303001	Li Ming	M	18	95.5
stu2:	183303002	Zhao Xin	W	18	87

图 7-2　结构体变量 stu1 和 stu2

2．在定义构造结构体类型的同时定义结构体变量

例如：

```
struct student
{
    long num;
    char name[15];
    char sex;
    int age;
    float score;
} stu1,stu2;
```

这种定义结构体变量的形式是第一种形式的简化，即在定义了结构体类型的同时又定义了结构体变量。如果有必要还可以以第一种形式再定义其他变量。

例如：

```
struct student stu3;
```

以上定义的变量 stu1,stu2 和 stu3 均为结构体变量。

3．直接定义结构体类型的变量

例如：

```
struct
{
    long num;
    char name[15];
    char sex;
    int age;
    float score;
} stu1,stu2;
```

第 3 种方法与第 2 种方法的区别在于第 3 种方法中省去了结构体名,而直接给出结构体变量。因此,不能再继续定义其他变量。

在上述 student 结构体定义中,所有的成员都是基本数据类型或数组类型。实际上成员本身也可以是一个结构体类型,例如:

```
struct date
{
    int year;
    int month;
    int day;
};
struct student
{
    long num;
    char name[15];
    char sex;
    int age;
    struct date birthday;        /* birthday 为结构体类型 */
    float score;
}stu1,stu2,stu3;
```

本例中首先定义一个结构体类型 date,包含 year、month、day 三个成员。在结构体 student 中包含了成员 birthday,成员 birthday 是 date 类型,如图 7-3 所示。

num	name	sex	age	birthday			score
				year	month	day	

图 7-3　结构体 student

需要注意的是,结构体类型与结构体变量是不同的两个概念。结构体类型相当于一个模型,并无具体的数据,系统对类型也不会分配内存空间;当在程序中使用结构体类型的数据时,必须先定义所需的结构体类型的变量,由系统对变量分配相应的内存空间,从而实现用户数据的存取或计算。

7.1.3　结构体变量的初始化

如果结构体变量是全局变量或为静态变量,则可对它做初始化赋值,即结构体变量在定义时进行赋值。对局部或自动结构体变量不能做初始化赋值(在 Turbo C2.0 版本中)。

1. 结构体变量为全局变量的初始化

【例 7-1】 结构体变量初始化。

```
# include < stdio. h >
struct student                                   /* 结构体定义类型 student */
{
    long num;
    char name[15];
    char sex;
```

```
        int age;
        float score;
    };
    struct student stu1 = {183303001,"Li Ming",'M',18,95.5};      /*对变量 stu1 初始化*/
    void main()
    {
        printf("Num = % ld\nName = % s\n",stu1.num,stu1.name);
        printf("Sex = % c\nAge = % d\nScore = % f\n",stu1.sex,stu1.age,stu1.score);
    }
```

运行结果：

```
Num =  183303001
Name =  Li Ming
Sex =  M
Age = 18
Score = 95.5
```

例 7-1 中，stu1 被定义为外部结构体变量，并对 stu1 做了初始化赋值，然后用两个 printf 语句输出 stu1 各成员的值。

2. 静态结构体变量的初始化

【例 7-2】　静态结构体变量初始化。

```
# include < stdio. h >
void main()
{
static struct student                                    /*定义静态结构体*/
{
    long num;
    char name[15];
    char sex;
    int age;
    float score;
    }stu2 = {183303002," Zhao Xin ",'W',18,87};
    printf("Num = % ld\nName = % s\n",stu2.num,stu2.name);
    printf("Sex = % c\nAge = % d\nScore = % f\n",stu2.sex,stu2.age,stu2.score);
}
```

运行结果：

```
Num =  183303002
Name =  Zhao Xin
Sex = W
Age = 18
Score = 87
```

在例 7-2 中，stu2 被定义为静态结构体变量，并对 stu2 做了初始化赋值，然后用两个 printf 语句输出 stu2 中各成员的值。

初始化说明：

（1）必须用结构体类型定义完变量后，才能初始化。

（2）不允许直接对结构体变量赋予一组常量。

例如：

stu1 = {183303001,"Li Ming",'M',18,95.5};

（3）如果结构体成员中包含有结构体变量，则初始化时要对其各个基本成员赋予初值。

例如：

```
struct date
{
    int year;
    int month;
    int day;
};
struct student
{
    long num;
    char name[15];
    char sex;
    int age;
    struct date birthday;
    float score;
}stu1 = {183303001,"Li Ming",'M',18,2000,3,19,95.5};
```

7.1.4　结构体变量成员的引用

定义了结构体变量以后，就可以引用这个变量，在程序中使用结构变量时，往往不把它作为一个整体来使用。对结构变量的使用，包括赋值、输入、输出、运算等都是通过结构体变量的成员来实现的。表示结构体变量成员的一般形式是：

<结构体变量名>.<成员名>

其中"."是成员运算符，它在所有的运算符中优先级最高。

例如：

```
stu1.num                                    /*学生的学号*/
stu1.name                                   /*学生的姓名*/
```

如果成员本身又是一个结构体类型，则应该用若干个"."一级一级地找到最低级的成员。

例如：

```
stu1.birthday.year
stu1.birthday.month
stu1.birthday.day
```

不能将一个结构体变量作为一个整体加以引用，例如已定义了结构体变量 stu1，并且进行了初始化。

```
struct student
{
    long num;
    char name[15];
    char sex;
    int age;
    float score;
}stu1 = {183303001,"Li Ming",'M',18,95.5};
```

数据输出时不能这样引用：

```
printf("%ld,%s,%c,%d, %f",stu1);
```

而应当这样引用：

```
printf("%ld,%s,%c,%d,%f",stu1.num,stu1.name,tu1.sex,stu1.age,stu1.score);
```

对结构体成员变量可以像引用普通变量一样进行各种运算。例如：

```
stu1.num = 183303001;
stu1.name = "Gao Ling";
stu1.age++;
k = stu1.score - stu2.score;
```

【例 7-3】 结构体变量的引用。

```
#include <stdio.h>
void main()
{
    struct date
    {
        int year;
        int month;
        int day;
    };
    struct student
    {
        long num;
        char name[15];
        char sex;
        int age;
        struct date birthday;
        float score;
    }stu2,stu1 = {183303001,"Li Ming",'M',18,2000,3,19,95.5};
    stu2 = stu1;
    stu2.age++;
    printf("Num. = %ld\nName = %s\n",stu2.num,stu2.name);
    printf("Birthday = %d - %d - %d\n",stu2.birthday.year, stu2.birthday.month,
                                          stu2.birthday.day);
    printf("Sex = %c\nAge = %d\nScore = %.2f\n",stu2.sex,stu2.age,stu2.score);
}
```

运行结果：

```
Num. = 183303001
Name = Li Ming
Birthday = 2000 - 3 - 19
Sex = M
Age = 19
Score = 95.50
```

两个相同类型的结构体变量之间是可以直接赋值的，如本例中的 stu2＝stu1。

7.2 结构体数组

在例 7-3 中，结构体变量 stu1 存储的是一个学生的信息。定义变量 stu1 和 stu2 可以存储两个学生的信息，但如果一个班级有 40 个学生，一个学院有 2000 个学生，那么就要定义 40 个或 2000 个结构体变量，从理论上讲这种方法是可以的，但显然这不是一个好办法，如果使用数组，问题解决起来就简单多了。结构体数组也是一个数组，其中每个元素都是一个结构体类型的变量。

在实际应用中，经常用结构体数组来表示具有相同数据结构的一个数据集合，如一个班的学生档案等。

7.2.1 结构体数组的定义

结构体数组的定义方法和结构体变量的定义方法相同，可以采用 3 种方法定义结构体数组，本节以第 2 种方法为例。

例如：

```
struct student
{
    long num;
    char name[15];
    char sex;
    int age;
    float score;
    char * address;
}stu[5];
```

定义了一个结构体数组 stu，数组中包含 5 个元素 stu[0]～stu[4]。每个数组元素都是一个结构体变量。

7.2.2 结构体数组的初始化

结构体数组可以在定义时初始化，但只能对全局的或静态存储的数组进行初始化。
例如：

```
struct student
```

```
{
    long num;
    char name[15];
    char sex;
    int age;
    float score;
    char * address;
}stu[5] = {
        {183303001,"Liu ping",'W',20,85.0,"Beijing"},
        {183303002,"Zhang bin",'M',19,72.0,"Anshan"},
        {183303003,"Han feng",'M',19,96.5,"Hefei"},
        {183303004,"Zeng li",'W',20,67.0,"Dalian"},
        {183303005,"Wang min",'W',19,57.5,"Tianjin"}};
```

当对全部元素做初始化赋值时，也可不给出数组长度。各个元素在内存中的存储形式如图 7-4 所示。

stu[0]	183303001	Liu ping	W	20	85.0	Beijing
stu[1]	183303002	Zhang bin	M	19	72.0	Anshan
stu[2]	183303003	Han feng	M	19	96.5	Hefei
stu[3]	183303004	Zeng li	W	20	67.0	Dalian
stu[4]	183303005	Wang min	W	19	57.5	Tianjin

图 7-4　结构体数组元素在内存中的存储形式

7.2.3　结构体数组的引用

结构体数组的引用类似于结构体变量的引用，只是用结构体数组元素来代替结构体变量。如第一个学生的个人信息：

```
stu[0].num
stu[0].name
stu[0].sex
stu[0].age
stu[0].score
stu[0].address
```

注意：同结构体变量一样，结构体数组元素不能整体输入输出，只能以单个成员为对象进行输入输出。

【例 7-4】　计算 5 名学生的平均成绩。

算法分析：

（1）定义结构体数组并进行初始化；

（2）通过循环求学生成绩的和；

（3）求平均值并输出。

程序代码：

```
# include < stdio.h >
struct student
```

```
{
    long num;
    char name[15];
    char sex;
    int age;
    float score;
    char * address;
}stu[5] = {
        {183303001,"Liu ping",'W',20,85.0,"Beijing"},
        {183303002,"Zhang bin",'M',19,72.0,"Anshan"},
        {183303003,"Han feng",'M',19,96.5,"Hefei"},
        {183303004,"Zeng li",'W',20,67.0,"Dalian"},
        {183303005,"Wang min",'W',19,57.5,"Tianjin"}};
void main()
{
    int i;
    double ave,sum = 0;
    for(i = 0;i < 5;i++)
    {
        sum = sum + stu[i].score;
    }
    ave = sum/5;
    printf("Average = % .2lf\n ",ave);
}
```

运行结果：

Average = 75.60

程序说明：

（1）程序中定义了一个外部结构体数组 stu，共 5 个元素，并进行了初始化赋值。

（2）主函数中通过 for 循环与求和语句 sum＝sum＋stu[i].score；逐个累加每个学生的 score 成员值存于求和变量 sum 中，最后输出平均分 ave＝sum/5。

7.3 结构体指针

7.3.1 指向结构体变量的指针

指向一个结构体变量的指针变量称之为结构体指针变量。一个结构体变量的指针是该结构体变量所占内存空间的首地址。通过结构体指针即可访问该结构体变量。

结构体指针变量定义的一般形式为：

struct 结构体名 * 结构体指针变量名；

例如：

```
struct student
{
```

```
        long num;
        char name[15];
        char sex;
        int age;
        float score;
        char * address;
}stu1,stu2;
struct student * pstu;
```

注意：结构体指针变量先赋值后才能使用。赋值是把结构体变量的首地址赋予该指针变量。

例如：

```
pstu = &stu1;
```

有了结构体指针变量，就能很方便地访问结构体变量的各个成员。

其访问的一般形式为：

（1）（ * 结构体指针变量）.成员名

例如：

```
( * pstu). num        / * 学生的学号 * /
```

注意：(* pstu)两侧的括号不可少，因为成员符"."的优先级高于" * "。如果括号被去掉，* pstu. num 则等价于 * (pstu. num)，表示的意义就错了。

（2）结构体指针变量－>成员名

例如：

```
pstu－> name        / * 学生的姓名 * /
```

下面通过例子来说明结构体指针变量的具体说明和使用方法。

【例 7-5】 通过结构体指针输出。

程序代码：

```
# include < stdio. h >
struct student
{
        long num;
        char name[15];
        char sex;
        int age;
        float score;
        char * address;
}stu1 = {183303001,"Liu ping", 'W',20,85.0,"Beijing"}, * pstu;
void main()
{
        pstu = &stu1;
        printf("Num. = % ld\nName = % s\n",( * pstu). num,( * pstu). name);
            printf("Sex = % c\nScore = % f\nAddress = % s\n\n",( * pstu). sex,
                ( * pstu). score, ( * pstu). address);
        printf("Num. = % ld\nName = % s\n",pstu－> num,pstu－> name);
```

```
        printf("Sex = %c\nScore = %f\nAddress = %s\n",pstu -> sex,
            pstu -> score, pstu -> address);
}
```

运行结果：

```
Num. = 183303001
Name = Liu ping
Sex = W
Age = 20
Score = 85.0
Address = Beijing

Num. = 183303001
Name = Liu ping
Sex = F
Age = 20
Score = 85.0
Address = Beijing
```

程序说明：

（1）程序定义了一个结构体 stu，定义了 stu 类型结构体变量 stu1 并做了初始化赋值，还定义了一个指向 stu 类型结构体的指针变量 pstu。

（2）在 main 函数中，pstu 被赋予了结构体变量 stu1 的地址，因此 pstu 指向 stu1。然后在 printf 语句内用两种形式输出 stu1 的各个成员值。

（3）从运行结果可以看出：(*结构体指针变量).成员名和结构体指针变量->成员名这两种形式是完全等价的。

7.3.2　指向结构体数组的指针

指针变量可以指向一个结构体变量，同样指针变量也可以指向一个结构体数组，此时结构体指针变量的值是整个结构体数组的首地址。通过结构体指针变量的移动可以指向结构体数组的任意一个元素。

【例 7-6】　用指针变量输出结构体数组。

```
# include < stdio.h >
struct student
{
    long num;
    char name[15];
    char sex;
    int age;
    float score;
    char * address;
}stu[5] = {
            {183303001,"Liu ping",'W',20,85.0,"Beijing"},
            {183303002,"Zhang bin",'M',19,72.0,"Anshan"},
            {183303003,"Han feng",'M',19,96.5,"Hefei"},
            {183303004,"Zeng li",'W',20,67.0,"Dalian"},
```

```
                {183303005,"Wang min",'W',19,57.5,"Tianjin"}};
void main()
{
    struct student  * pstu;
    printf("Num.\t\tName\t\tSex\tAge\tScore\t\tAddress\n");
    for(pstu = stu;pstu < stu + 5;pstu++)
    printf(" % ld\t % s\t % c\t % d\t % .2f\t % s\n",pstu - > num,pstu - > name,pstu - > sex,pstu -
> age,pstu - > score,  pstu - > address);
}
```

运行结果：

Num	Name	Sex	Age	Score	Address
183303001	Liu ping	W	20	85.00	Beijing
183303002	Zhang bin	M	19	72.00	Anshan
183303003	Han feng	M	19	96.50	Hefei
183303004	Zeng lili	W	20	67.00	Dalian
183303005	Wang min	W	19	57.50	Tianjin

程序说明：

（1）程序定义了 student 结构体类型数组 stu，并对其进行了初始化赋值。

（2）在 main 函数内定义 pstu 为指向 student 类型的指针变量。

（3）程序通过指针的控制，进行了 5 次循环，输出了结构体数组的元素。

7.3.3　结构体指针变量作为函数参数

前面章节介绍了指针变量可以作为函数参数，因此指向结构体变量的指针变量也可以作为函数参数。这时实参传递给形参的是地址，从而节约了程序运行的时间和空间。

【例 7-7】　输出一组学生中的最高成绩。

```
# include < stdio. h >
struct student
{
    long num;
    char name[15];
    char sex;
    int age;
    float score;
    char * address;
}stu[5] = {
        {183303001,"Liu ping",'W',20,85.0,"Beijing"},
        {183303002,"Zhang bin",'M',19,72.0,"Anshan"},
        {183303003,"Han feng",'M',19,96.5,"Hefei"},
        {183303004,"Zeng li",'W',20,67.0,"Dalian"},
        {183303005,"Wang min",'W',19,57.5,"Tianjin"}};
void main()
{
    struct student  * pstu;
    float max(struct student * pstu);
    pstu = stu;
```

```
        printf("Max = % .2f",max(pstu));
}
float max(struct student * p)
{
        int i;
        float max;
        max = p - > score;
        for(i = 1;i < 5;i++,p++)
        {
                if(p - > score > max)
                max =  p - > score;
        }
        return max;
}
```

运行结果：

```
Max = 96.50
```

程序说明：

（1）程序中定义了函数 float max(struct student * p)，其形参为结构体指针变量 p。

（2）stu 被定义为结构体数组，并做了初始化。

（3）语句 pstu＝stu；把 stu 的首地址赋予 pstu，使 pstu 指向 stu 数组。

（4）以 pstu 作实参进行函数调用 printf("Max＝%.2f",max(pstu))；并输出。

7.3.4　结构体指针变量作为函数返回值

前面章节介绍了函数的返回值可以是整型、浮点型、字符型、指针型及无返回值类型等，函数的返回值还允许是结构体指针类型。

【例 7-8】 输出一组学生中的成绩最高学生的学号、姓名和成绩。

算法分析：

（1）定义结构体数组并进行初始化；

（2）编写函数查找数组中学生成绩最高的结构体元素；

（3）在主函数中调用函数，输出结果。

程序代码：

```
# include < stdio. h >
struct student
{
        long num;
        char name[15];
        char sex;
        int age;
        float score;
        char * address;
}stu[5] = {
                {183303001,"Liu ping",'W',20,85.0,"Beijing"},
                {183303002,"Zhang bin",'M',19,72.0,"Anshan"},
```

```
                    {183303003,"Han feng",'M',19,96.5,"Hefei"},
                    {183303004,"Zeng li",'W',20,67.0,"Dalian"},
                    {183303005,"Wang min",'W',19,57.5,"Tianjin"}};
        void main()
        {
            struct student * pstu, * q;
            struct student * max(struct student * pstu);
            pstu = stu;
            q = max(pstu);
            printf("Num.\t\tName\t \tScore \n");
            printf(" % ld\t% s\t% .2f\n",q - > num,q - > name,q - > score);
        }
        struct student * max(struct student * p)
        {
            int i,k = 0;
            float max;
            max = p - > score;
            for(i = 1;i < 5;i++)
            {
                if((p + i) - > score > max)
                    k = i;
            }
            return p + k;
        }
```

运行结果：

```
Num.            Name       Score
183303003       Han feng   96.50
```

程序说明：

（1）程序中定义了函数 struct student * max(struct student * p)，其形参为结构体指针变量 p，函数的返回值也为结构体指针变量。

（2）stu 被定义为结构体数组，并做了初始化。

（3）语句 pstu＝stu;把 stu 的首地址赋予 pstu，使 pstu 指向 stu 数组。

（4）以 pstu 作实参进行函数调用 q＝max(pstu);，并将结果返回给结构体指针变量 q。

7.4 链表

7.4.1 动态存储分配

在 C 语言中不允许动态定义数组类型，也就是说数组的长度一旦定义是不可以改变的。但是在实际的应用中，有些问题的数据量的大小是无法预先确定，并且在程序的运行过程中数据的个数是动态改变的，为了解决此类问题，C 语言提供了一些内存管理函数，这些内存管理函数可以按需要动态地增加或减少内存空间。C 语言中提供了 4 个有关动态存储分配的函数，即 malloc( )、calloc()、free()和 realloc()。

常用的两个函数是 malloc() 和 free()：

1. 分配内存空间函数 malloc()

函数原形：

```
void * malloc(unsigned size);
```

功能：在内存的动态存储区中分配一块长度为"size"字节的连续存储区。函数的返回值为该区域的首地址。malloc() 函数经常和 sizeof() 一起使用。

例如：

```
p = (int * )malloc(50);
```

表示分配 50 个字节的内存空间，并强制转换为整型数据类型数组，函数的返回值为指向该整型数组的指针，把该指针赋予指针变量 p。

2. 释放内存空间函数 free()

函数原形：

```
void free(void * p);
```

功能：释放 p 所指向的一块连续内存存储空间，p 指向被释放区域的首地址。被释放区必须是由 malloc 或 calloc 函数所分配的区域。

7.4.2　链表的操作

C 语言中动态内存管理函数的引入提高了系统内存的使用效率，链表是实现动态内存分配的解决方案，它是在程序的执行过程中根据需要向系统要求申请存储空间，使用结束就释放内存空间，绝不构成对存储区的浪费。链表是一种复杂的数据结构，其数据之间的相互关系使链表分成三种：单链表、循环链表、双向链表。本节主要介绍单链表的建立、插入、删除等操作。

链表采用动态分配的办法为一个结构体分配内存空间，称之为一个结点。每个结点存放一个对象的数据信息。有多少个对象就应该申请分配多少个结构体内存空间，也就是说要建立多少个结点，当对象增加或减少时应动态地添加或释放存储空间（结点）。

如建立一个学生学籍管理系统，有一个学生就分配一个结点，结点之间的联系用指针来实现，如果某学生退学，可删去该结点，并释放该结点占用的存储空间。使用动态分配时，各个结点在内存中占用的存储空间可以是不连续的。在结点结构中定义一个成员项用来存放下一结点的起始地址，称为指针域。在第一个结点的指针域内存入第二个结点的起始地址，在第二个结点的指针域内又存放第三个结点的起始地址，如此下去直到最后一个结点。最后一个结点因无后续结点连接，指针域可以赋值为 NULL。这样一种存储管理方式，在数据结构中称为"链表"。图 7-5 为一学生学籍管理单链表结构示意图。图中每个结点是一个结构体，结构体的定义如下：

```
struct student
```

```
{
    long num;
    char name[15];
    char sex;
    int age;
    float score;
};
```

图 7-5 中结点 head 称为头结点，它存放第一个学生结点的首地址，是一个指针变量。从第一个结点往后的每个结点都分为两个域：一个是数据域，存放每个学生的数据信息；另一个是指针域，存放下一结点的起始地址。

图 7-5   学生单链表结构示意图

【例 7-9】   建立一个 10 个结点的链表，用于存放学生数据。

程序分析：

（1）定义链表结点的数据结构；

（2）建立表头；

（3）利用 malloc 函数向系统申请结点空间；

（4）对新结点赋值，将新结点的指针域赋为 NULL，若是空表就将新结点连接到表头，否则将新结点连接到表尾；

（5）若有后续结点则转到第（3）步，否则结束。

程序代码：

```
#include <stdio.h>
#include <stdlib.h>
struct student
{
    long num;
    char name[15];
    int age;
    float score;
    struct student * next;
};
struct student * create(struct student * head, int n)
{
    struct student * p1, * p2;
    int i;
    p2 = (struct student * )malloc(sizeof (struct student)); p1 = head = p2;
```

```
    printf("Input student data:");
    scanf(" % ld % s % d % f",&p2 - > num,p2 - > name,&p2 - > age,&p2 - > score);
    p2 - > next = NULL;
    for(i = 1;i < = n;i++)
    {
        p2 = (struct student * )malloc(sizeof (struct student));
        printf("\nInput student data:\n");
        scanf(" % ld % s % d % f",&p2 - > num,p2 - > name,&p2 - > age,&p2 - > score);
        p2 - > next = NULL;
        p1 - > next = p2;
        p1 = p2;
    }
    return(head);
}
void print(struct student * h)
{
    struct student * t = h;
    while(t! = NULL)
    {
        printf("\n % ld, % s, % d, % .2f\n",t - > num,t - > name,t - > age,t - > score);
        t = t - > next;
    }
}
void main( )
{
    struct student * head;
    head = NULL;
    head = create(head,10);
    print(head);
}
```

程序说明：

(1) 程序中定义了两个子函数 create()和 print()。

(2) 函数 create()的功能是建立有 n 个结点的链表,它是一个指针函数,它的返回值是指向 student 结构体的指针。

(3) 函数 print()的功能是输出链表内容,它的形式参数是结构体指针变量,即链表的首地址。

【例 7-10】 创建包含学号、姓名结点的单链表。其结点数任意个,表以学号为序,低学号的在前,高学号的在后,以输入姓名为空作结束。在此链表中,要求删除一个给定姓名的结点,并插入一个给定学号和姓名的结点。

程序分析：

(1) 创建链表过程与例 7-9 相同;

(2) 结点插入过程：指针 p1 指向待插入结点,p2 指向第一个结点。将 p1 - > num 与 p2 - > num 相比较(查找要插入结点的位置),若 p1 - > num > p2 - > num,则待插入结点不在应插入结点 p2 所指的结点之前,此时将 p2 后移,并将 p3 指向刚才 p2 所指的结点,继续下次比较,直到 p1 - > num≤p2 - > num 为止,此时将 p1 所指结点插入 p2 所指结点之前;

（3）结点删除过程：从 p 指向的第一个结点开始，查找该结点中的 num 值是否等于要删除的那个学号值，如果相等就将该结点删除，若不等就将 p 后移一个结点，如此进行下去，直到表尾结束。

程序代码：

```c
# include "stdio. h"
# include "string. h"
# include "malloc. h"
struct numde                        /* 结点的数据结构 */
{
int num;
char name[20];
struct  numde * next;
};
/ ******************* /
void main( )
{
struct numde * create( );           /* 函数声明 */
struct numde * insert( );
struct numde * delete( );
void print( );
struct numde * head;
char str[20];
int n;
head = NULL;                        /* 做空表 */
head = create(head);                /* 调用函数创建以 head 为头的链表 */
print(head);                        /* 调用函数输出结点 */
printf("\n Please input insert num, name:\n");
scanf(" % d",&n);                   /* 输入学号 */
gets(str);                          /* 输入姓名 */
head = insert(head,str,n);          /* 将结点插入链表 */
print(head);                        /* 调用函数输出结点 */
printf("\n Please input deleted num:\n");
scanf(" % d",&n);                   /* 输入被删学号 */
head = delete(head,n);
print(head);                        /* 调用函数输出结点 */
return;
}
/ ********* 创建链表 ********* /
struct numde * create(struct numde * head)
{
struct numde * p1, * p2;
p1 = p2 = (struct numde * )malloc(sizeof(struct numde));
printf("Please input num, name: \n");
scanf(" % d",&p1 - > num);
gets(p1 - > name);
p1 - > next = NULL ;
while(strlen(p1 - > name)> 0)
{
    if(head == NULL)
```

```
        head = p1;
    else
    {
        p2 -> next = p1;
        p2 = p1;
        p1 = (struct numde * )malloc(sizeof(struct numde));
        printf("Please input num, name: \n");
        scanf(" % d", &p1 -> num);
        gets(p1 -> name);
        p1 -> next = NULL;
    }
}
return head;
}
/ ********** 插入结点 ********** /
struct numde * insert(head, pstr, n)
struct numde * head;
char * pstr;
int n;
{
struct numde * p1, * p2, * p3;
p1 = (struct numde * )malloc(sizeof(struct numde));
strcpy(p1 -> name, pstr);
p1 -> num = n;
p2 = head;
if(head ==  NULL)
{
head = p1; p1 -> next = NULL;
}
else
{
    while(n > p2 -> num&&p2 -> next! = NULL)
    {
        p3 = p2;
        p2 = p2 -> next;
    }
    if(n < = p2 -> num)
        if(head  == p2)
        {
            head  = p1;
            p1 -> next = p2;
        }                           / * 插入位置在表首 * /
        else
        {
            p3 -> next = p1;
            p1 -> next = p2;
        }                           / * 插入位置在表中 * /
    else
    {
        p2 -> next = p1;
        p1 -> next = NULL ;
```

```
                }                                        /* 插入位置在表尾 */
            }
            return(head);
        }
        /* ********************* /
        /* ********* 删除结点 ********* /
        struct numde * delete(head,n)
        struct numde * head;
        int n;
        {
        struct numde * temp, * p;
        temp = head ;
        if(head  ==  NULL)
        printf("\n The list is null! \n");
        else
        {
            temp = head ;
            while(temp -> num! = n &&temp -> next! = NULL)
            {
                p = temp;
                temp = temp -> next;
            }
            if(temp -> num == n)
            {
                if(temp == head)
                {
                    head = head -> next;
                    free(temp);
                }                                /* 删除位置在表首 */
                else
                {
                    p -> next = temp -> next;
                    free(temp);
                } printf("Delete student : % d\n",n);
            }                                    /* 删除位置在表中或表尾 */
            else
                printf("\n Name Found! \n");
                                                 /* 表中没有找到要删除的数据 */
            }
        }
        return(head);
        }
        /* ********************* /
        /* ******** 链表各结点的输出 ******* /
        void print(struct numde * head)
        {
            struct numde * temp;
            temp = head;
            printf("\numutput students:\n");
            while(temp! = NULL)
            {
```

```
        printf("\n%d-- %s\n", temp->num ,temp->name);
        temp = temp->next;
    }
    return;
}
```

7.5 共用体数据类型

共用体又叫联合体,共用体也是将不同数据类型的数据项组成一个整体,但是它与结构体不同,这些不同类型的数据项在内存中所占用的内存单元起始地址是相同的。

共用体类型的定义形式和结构体的定义形式是相似的,相区别的就是结构体定义的关键字是 struct,而共用体定义的关键字是 union。

1. 共用体数据类型的定义

定义一个共用体类型的一般形式为:

union 共用体名
{
    类型说明符 1 成员名 1;
    类型说明符 2 成员名 2;
    ⋮
    类型说明符 n 成员名 n;
};

例如:

```
union mem
{
    char   a;
    float   b;
};
```

定义的共用体名称为 mem,它含有两个成员 a 和 b,a 的数据类型是字符型,b 的数据类型是实型。

2. 共用体变量的定义

共用体变量的定义和结构体变量的定义方式相同,也有 3 种形式。
定义一个共用体变量的一般形式为:

union 共用体名
{
    类型说明符 1 成员名 1;
    类型说明符 2 成员名 2;
    ⋮
    类型说明符 n 成员名 n;
}变量名表列;

例如：

```
union mem
{
    char  a;
    float  b;
}x,y;
```

其中变量 x,y 是共用体类型的变量。它们可以被赋予字符型数据,也可以被赋予浮点型数据。共用体类型的变量与结构体类型变量在内存中所占用的单元是不同的。共用体变量所占用的内存单元是由其成员中所占内存最大的成员决定的。如本例定义的共用体 mem,成员 a 占一个字节,成员 b 占 4 个字节,那么该共用体变量就占 4 个字节。

3. 共用体变量的引用

共用体变量的应用方式和结构体变量的引用方式相同：

<共用体变量名>.<成员名>

由于共用体变量不同时具有每个成员的值,因此,最后一个赋予它的值就是共用体变量的值。

例如：

```
union mem
{
    char  a;
    float  b;
}x,y;
x.a = 'A';
x.b = 100;
```

共用体变量 x 的 a 成员先被赋予了'A',然后 b 成员又被赋予了 100,最后共用体变量 x 中只存储了成员 b 的值,即 100。

4. 共用体的特点

(1) 同一内存段可存放几种不同类型的成员,但每次只能存放一种数据类型的数据。例如：

```
a.c = 'a';
a.f = 2.1;
```

在完成以上两个赋值运算后,只有 a.f 是有效的,a.c 都不再有效,例如：

```
printf("%f";a.f);                    /* 正确的 */
printf("%c",a.c);                    /* 错误的 */
```

所以引用共同体变量时需要特别注意当前存放的是什么数据。

(2) 共用体变量地址及其各成员地址都是同一地址,即 &a,&a.i,&a.c,&a.f 值相同。

(3) 不能对共用体变量名赋值,也不能在定义时进行初始化。

（4）不能将共用体变量作为函数参数，也不能使函数返回共用体变量，但可以使用指向共用体的指针。

（5）允许定义共用体数组。

7.6 枚举类型

在一些实际问题中，有些变量的取值是确定的且有限的，如一个星期有 7 天，一年有 12 个月等。针对此类问题建立了一种枚举类型。在枚举类型的定义中列举出所有可能的取值，被定义的枚举类型的变量取值必须在定义的范围之内。

1. 枚举类型定义的一般形式

enum 枚举名{枚举值表};

在枚举值表中应列出所有可用值。这些值也被称为枚举元素。

例如：

```
enum weekday{ Sunday,Monday,Tuesday,Wednesday,Thursday,Friday,Saturday };
```

枚举名为 weekday，枚举值共有 7 个。枚举类型中的每个元素对应一个数值，系统默认从 0 开始。如在 weekday 中，Sunday 值为 0，Monday 值为 1，Tuesday 值为 2，Wednesday 值为 3，Thursday 值为 4，Friday 值为 5，Saturday 值为 6。一旦定义它们的值是不能改变的。

2. 枚举变量的说明

同结构体和共用体变量定义一样，枚举变量也可用不同的方式说明，即先定义，后说明，同时定义，说明或直接说明。

例如：

```
enum weekday{Sunday,Monday,Tuesday,Wednesday,Thursday,Friday,Saturday};
enum weekday a,b;
```

或者

```
enum weekday{Sunday,Monday,Tuesday,Wednesday,Thursday,Friday,Saturday }a,b;
```

或者

```
enum {Sunday,Monday,Tuesday,Wednesday,
     Thursday,Friday,Saturday}a,b;
```

【例 7-11】 枚举类型题举例。

```
#include<stdio.h>
void main()
{
    enum weekday{Sunday,Monday,Tuesday,Wednesday,Thursday,Friday,Saturday}a[7];
    int i;
```

```
        a[0] = Sunday;
        a[1] = Monday;
        a[2] = Tuesday;
        a[3] = Wednesday;
        a[4] = Thursday;
        a[5] = Friday;
        a[6] = Saturday;
        for(i = 0;i < 7;i++)
            printf(" % d ",a[i]);
    }
```

程序说明：

（1）只能把枚举值赋予枚举变量，不能把元素的数值直接赋予枚举变量。例如：

```
a[0] = Sunday;
```

是正确的。而：

```
a[0] = 0;
```

是错误的。如一定要把数值赋予枚举变量，则必须用强制类型转换。例如：

```
a[2] = (enum weekday)2;
```

其意义是将顺序号为 2 的枚举元素赋予枚举变量 a，相当于：

```
a[2] = Tuesday; 。
```

（2）还应该说明的是，枚举元素不是字符常量，也不是字符串常量，使用时不要加双引号。例如：

```
a[0] = "Sunday";
```

是错误的。

7.7　类型定义符 typedef

整型、字符型、浮点型等数据类型是系统定义的类型说明符，C 语言还允许用户自定义类型说明符，也就是说为已有的数据类型取个"别名"。类型定义符 typedef 即可用来完成此功能。

typedef 定义的一般形式为：

typedef 原类型名　新类型名

1. 简单的类型名称定义

例如：

```
typedef  float  REAL;
```

一旦定义，则 float 和 REAL 两者是等价的，就可用 REAL 来代替 float 做整型变量的说明了。

例如：

REAL a,b;

等价于：

float a,b;

2. 结构体类型名称定义

例如：

```
typedef struct student
{
    long   num;
    char name[15];
    int age;
} STU;
```

定义的 STU 等同于 student 的结构体类型,然后结构体变量的定义就可以是：

STU stu1,stu2;

等价于：

struct student   stu1,stu2;

3. 数组类型定义

例如：

typedef   char   ADDRESS[20];

表示 ADDRESS 是字符数组类型,数组长度为 20。然后可用 ADDRESS 进行数组说明,例如：

ADDRESS str1,str2;

等价于：

char str1[20],str2[20]

习惯上常把用 typedef 定义的类型名称用大写字母表示,以区别于系统定义的标识符。

需要注意的是,typedef 可以重新定义各种类型名,但不能定义变量；typedef 与 ♯ define 有相似之处,但 ♯define 是由编译预处理完成的,typedef 是在编译时完成的,因此更为灵活方便。使用 typedef 有利于提高程序的通用性、移植性和可读性。

本章小结

结构体和共用体是两种构造数据类型,它们是能把不同类型的数据放在一起作为整体考虑的数据结构。大家在学习时应该区分数据类型和数据变量的差别。

　　结构体中各个成员都占有自己的内存空间，它们是同时存在的。一个结构体变量的长度等于所有结构体成员变量的长度之和。在共用体中，所有成员变量不能同时占用它的内存空间，也就是说它们不能同时存在。共用体变量的长度等于最长的成员变量的长度。

　　"."是成员运算符，可用 stu.name 表示成员项；如果一个指针指向结构体变量，可以用（*p).name 或 p→name 来表示结构体中的成员。

　　结构变量可以作为函数参数，函数也可返回指向结构的指针变量。而联合变量不能作为函数参数，函数也不能返回指向联合的指针变量。但可以使用指向联合变量的指针，也可使用联合数组。

　　结构体类型定义允许嵌套，结构体中也可用共用体作为成员，形成结构体和共用体的嵌套。

　　链表是一种重要的数据结构，它便于实现动态存储和分配。本章仅仅介绍是单向链表的结构与建立，关于链表的更多知识可以查阅数据结构相关教材。

　　在"枚举"类型的定义中列举出所有可能的取值，被说明为该"枚举"类型的变量取值不能超过定义的范围。应该说明的是，枚举类型是一种基本数据类型，而不是一种构造类型，因为它不能再分解为任何基本类型。

　　使用 typedef 有利于提高程序的通用性、移植性和可读性。

习题

　　1. 定义一个结构体类型及变量（包括年、月、日），计算该日是在本年中的第几天。

　　2. 用结构体类型编写程序，输入一个学生的计算机、高数、英语成绩，输出其平均成绩。

　　3. 建立职工情况链表，每个结点包含的成员是：职工号（id）、姓名（name）、工资（salary）。用 malloc( )函数开辟新结点，从键盘输入结点中的数据，然后依次把这些结点的数据显示在屏幕上。

　　4. 已有两个链表，每个链表中的结点包括学号、性别和成绩，要求将两个链表合并，按学号排序。

　　5. 创建包含学号、姓名结点的单链表。其结点数任意个，链表以学号为序，低学号的在前，高学号的在后，以输入姓名为空作结束。在此链表中，要求删除一个给定姓名的结点，并插入一个给定学号和姓名的结点。

　　6. 输入一串整数，以 0 结束，把这些整数（不包括 0）放入一个单向链表中，再按从小到大的次序排列，最后将排好序的链表输出。

　　7. 有链表 a 和 b，它们中的每个结点都包括学号、姓名、成绩。编程从 a 表中删去 b 表中相同学号的结点。

　　8. 把一个链表按反序排序，即将原链头当作链尾，原链尾当作链头。

第 **8** 章

文 件

在前面各章节里列举的程序中需要输入的数据均是在程序运行时从键盘输入的,而程序运行结果直接显示在屏幕上。数据的输入和输出都是以计算机终端为对象的,即用键盘输入所需的数据,将程序的运行结果输出到屏幕或者打印机上。这种数据处理方式的效率不高,每次运行程序都要重新从键盘输入数据,既烦琐又容易出错,如要进行大数据的输入就更显烦琐,同时也难以保存大量的程序输出结果。

为了提高数据输入与输出的处理效率,C 语言采用文件的方式进行处理。即将程序所需要的原始数据先以文件的方式存储在磁盘中,程序运行时从磁盘中读取数据文件获得所需数据,程序运行结果写到磁盘文件中进行保存。本章主要介绍 C 语言如何实现磁盘文件的创建与数据的存取。

本章要点
➢ 掌握文件的基本概念。
➢ 掌握文件的基本操作,包括文件打开、文件关闭和文件读写。
➢ 了解有关文件指针定位函数。

8.1 C 文件概述

操作系统是以文件为单位对数据进行管理的。文件是指存储在外部介质(如磁盘)上的一组相关数据的集合,通常是驻留在外部介质上的,只有在使用时才调入内存。每个文件都有一个名称,即文件名。

8.1.1 C 文件的分类

计算机术语中"文件"的含义比较广,泛指存储在外部介质上数据的集合。从不同的角度可对文件做不同的分类。

1. 普通文件和设备文件

按用户的角度可将文件分为普通文件和设备文件两种。

普通文件又可分为程序文件和数据文件。前面各章我们多次使用的源文件、目标文件、可执行程序等被称作程序文件,程序中所需输入的数据和程序运行输出的数据构成的文件被称作数据文件。本章所介绍的文件是指数据文件。

设备文件是指与主机相连的一切能进行输入和输出的终端设备，如显示器、打印机、键盘等。在操作系统中，把外部设备也看作是一个文件来管理，把它们的输入、输出等同于对磁盘文件的读和写。通常键盘被定义为标准输入文件，显示器被定义为标准输出文件。前面经常使用的 scanf、getchar 函数，printf、putchar 函数就属于这类输入输出。

2．ASCII 码文件和二进制码文件

在 C 语言中，文件可以看作由一系列的字节流或二进制流组成的字符序列。因此，按文件内数据的组织形式可将文件分为 ASCII 码文件和二进制码文件两种。

ASCII 码文件也称为文本文件，这种文件在磁盘中存放时每个字符对应一个字节，用于存放字符对应的 ASCII 码。二进制文件是按二进制的编码方式来存放文件的，它把内存中的数据按其在内存中的存储形式原样输出到磁盘上存放。

例如 1234 为普通的整型数据，若将其存入 ASCII 码文件中，则是分别以 '1'、'2'、'3'、'4' 这四个字符的 ASCII 码值存入文件的，因此它占 4 个字节。存储形式如表 8-1 所示。

表 8-1　ASCII 码文件的存储形式

字　　符	1	2	3	4
ASCII 码	49	50	51	52
存储形式	0011 0001	0011 0010	0011 0011	0011 0100

若将 1234 存入二进制码文件中，首先将十进制的 1234 转换为二进制的 10011010010，然后按整型数据占 2 个字节进行存储。存储形式如表 8-2 所示。

表 8-2　二进制文件的存储形式

原十进制数值	1234	
转换为二进制数值	10011010010	
二进制文件的存储形式	00000100	11010010

ASCII 码文件可在屏幕上按字符显示，便于对字符进行逐个处理。由于是按字符显示，因此能读懂文件内容。但一般占存储空间较多，而且花费转换时间。二进制文件可以节省外存空间和转换时间，但一个字节并不对应一个字符，不能直接输出字符形式。虽然也可以在屏幕上显示，但其内容无法读懂。一般情况下，需要暂时保存在外存上，以后又需要输入内存的中间结果数据，常用二进制文件保存。

3．缓冲文件系统和非缓冲文件

C 的文件系统可分为缓冲文件系统和非缓冲文件系统两类。

缓冲文件系统：系统自动地在内存区为每一个正在使用的文件开辟一个确定大小的缓冲区，使输入输出都先通过缓冲区过渡，以提高存取效率。从磁盘文件向内存加载数据时，要通过文件缓冲区，每当缓冲区满后，送入程序数据区；从内存向从磁盘文件写数据时，先将数据写入缓冲区，每当缓冲区写满后，再一次写入磁盘文件。

非缓冲文件系统：系统不自动开辟确定大小的缓冲区，而是由程序为每个文件设定一个缓冲区。在 C 语言中不提倡使用非缓冲文件系统。

前者功能十分强大，为用户提供了很多方便，后者则直接依赖于操作系统。缓冲文件系统输入输出称为标准输入输出（标准 I/O），非缓冲文件系统输入输出称为系统输入输出（系统 I/O）。非缓冲文件系统只以二进制方式处理文件，使程序的可移植性降低，因此 ANSI C 标准采用缓冲文件系统。

8.1.2　文件指针

在缓冲文件系统中，每个被使用的文件都在内存开辟一个区域，用来存放文件的相关信息（如文件名、文件状态和文件当前位置等）。这些信息保存在一个结构体变量中。该结构体类型是系统定义的，系统为其取名为 FILE。

例如，VC 在 stdio.h 文件中有以下的文件类型声明：

```
struct _iobuf
{
    char * _ptr;            /* 文件输入的下一个位置 */
    int   _cnt;            /* 当前缓冲区的相对位置 */
    char * _base;          /* 指基础位置（即文件的起始位置） */
    int   _flag;          /* 文件标志 */
    int   _file;          /* 文件描述符 id */
    int   _charbuf;       /* 检查缓冲区状况，如果无缓冲区则不读取 */
    int   _bufsiz;        /* 文件缓冲区的大小 */
    char * _tmpfname;     /* 临时文件名 */
};
typedef struct _iobuf FILE;
```

C 语言用不同的 FILE 结构管理每个文件。实际上，FILE 结构是间接地操作着系统的文件控制块（FCB）来实现对文件的操作，如图 8-1 所示。

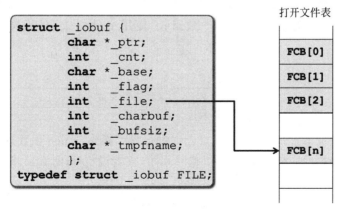

图 8-1　文件控制块（FCB）

在编写源程序时不必关心 FILE 结构的细节。

C 语言中用一个指针变量指向一个文件，这个指针称为文件指针。通过文件指针就可对它所指的文件进行各种操作。

定义说明文件指针的一般形式为：

FILE * 指针变量标识符;

例如：

```
FILE * fp;                    /* fp 是一个指向 FILE 类型结构体的指针变量 */
```

表示 fp 是指向 FILE 类型结构体的指针变量，通过 fp 即可找到存放某个文件信息的结构体变量，然后按结构体变量提供的信息找到该文件，实施对文件的操作。有几个文件就可以设几个 FILE 类型的指针变量。习惯上把 fp 称为指向一个文件的指针。

8.2　文件的打开与关闭

文件在进行读写操作之前要先打开，使用完毕要关闭。打开文件，就是建立文件的各种相关信息，并使文件指针指向该文件，可以对文件进行操作。关闭文件则是断开指针与文件之间的联系，禁止再对该文件进行操作。

在 C 语言中，对文件的操作都是由库函数来完成的。在本节内将介绍主要的文件操作函数。

8.2.1　文件的打开

文件的打开操作表示将给用户指定的文件在内存分配一个 FILE 结构区，并将该结构区的指针返回给用户程序，以后用户程序就通过 FILE 指针来实现对指定文件的存取操作了。C 语言用 fopen 函数实现打开一个文件，其调用的一般形式为：

文件指针名 = fopen(文件名, 使用文件方式);

其中："文件指针名"必须是被说明为 FILE 类型的指针变量；"文件名"是被打开文件的文件名，是字符串常量或字符串数组；"使用文件方式"是指文件的类型和使用方式。

例如：

```
FILE * fp;                    /* 定义 fp 为文件指针变量 */
fp = fopen("file1","r");      /* 以只读方式打开 file1 */
```

表示在当前目录下打开文件 file1，只允许进行"读"操作，fopen 函数返回指向 file1 文件的指针并赋给 fp，这样 fp 就和文件 file1 相联系了，或者说 fp 指向 file1 文件。可以看出，在打开一个文件时，通知给编译系统以下 3 个信息：

① 需要打开的文件名，也就是准备访问的文件的名字；

② 使用文件的方式（"读"还是"写"等）；

③ 让哪一个指针变量指向被打开的文件。

文件的使用方式共有 12 种，表 8-3 给出了它们的符号和意义。

表 8-3　文件的 12 种使用方式

文 件 类 型	使 用 方 式	意　　　　义	备　　注
ASCII 码文件	"r"	只读：打开一个文本文件，只允许读数据	旧文件
	"w"	只写：打开或建立一个文本文件，只允许写数据	新文件
	"a"	追加：打开一个文本文件，并在文件末尾写数据	旧文件
	"r+"	读写：打开一个文本文件，允许读和写	旧文件
	"w+"	读写：打开或建立一个文本文件，允许读和写	新文件
	"a+"	读写：打开一个文本文件，允许读，或在文件末追加数据	旧文件
二进制文件	"rb"	只读：打开一个二进制文件，只允许读数据	旧文件
	"wb"	只写：打开或建立一个二进制文件，只允许写数据	新文件
	"ab"	追加：打开一个二进制文件，并在文件末尾写数据	旧文件
	"rb+"	读写：打开一个二进制文件，允许读和写	旧文件
	"wb+"	读写：打开或建立一个二进制文件，允许读和写	新文件
	"ab+"	读写：打开一个二进制文件，允许读，或在文件末追加数据	旧文件

对于文件的使用方式有以下几点说明：

（1）用"r"方式打开的文件只能用于向计算机输入，而不能用来向该文件输出数据，而且该文件应该已经存在，不能用"r"方式打开一个并不存在的文件（即输入文件），否则出错。

（2）用"w"方式打开的文件只能用于向该文件写数据（即输出文件），而不能用来向计算机输入。如果原来不存在该文件，则在打开时新建一个以指定名字命名的文件。如果原来已存在一个以该文件名命名的文件，则在打开时将该文件删去，然后重新建立一个新文件。

（3）如果希望向文件末尾添加新的数据（不希望删除原有数据），则应该用"a"方式打开。但此时该文件必须已存在，否则将得到出错信息。打开时，位置指针移到文件末尾。

（4）用"r+"、"w+"、"a+"方式打开的文件既可以用来输入数据，也可以用来输出数据。用"r+"方式打开文件时该文件已经存在，以便能向计算机输入数据。用"w+"方式则新建一个文件，先向此文件写数据，然后可以读此文件中的数据。用"a+"方式打开的文件，原来的文件不被删去，位置指针移到文件末尾，可以添加，也可以读。

（5）如果不能实现"打开"的任务，fopen 函数将会带回一个出错信息。出错的原因可能是用"r"方式打开一个并不存在的文件，或者磁盘出故障、磁盘已满无法建立新文件等。此时 fopen 函数将带回一个空指针值 NULL（NULL 在 stdio.h 文件中已被定义为 0）。

一般地，使用 fopen 函数打开一个文件时，要检查文件打开的正确性，以便确定程序能否继续执行下去。例如：

```
if(fp = fopen("file1","r")) == NULL)
  {  printf("This file can not opened! ");
     exit(0);
  }
```

其中 exit()函数是停止程序的执行，使控制返回操作系统。

（6）用以上方式可以打开文本文件或二进制文件，这是 ANSI C 的规定，用同一种缓冲文件系统来处理文本文件和二进制文件。但目前有些 C 编译系统可能不完全提供所有这些功能,例如,有的只能用"r"、"w"、"a"方式,有的 C 版本不用"r＋"、"w＋"、"a＋",而用"rw"、"wr"、"ar"等,请读者注意所用系统的规定。

(7) 在向计算机输入文本文件时,将回车换行符转换为一个换行符,在输出时把换行符转换成回车和换行两个字符。在用二进制文件时,不进行这种转换,在内存中的数据形式与输出到外部文件中的数据形式完全一致,一一对应。

(8) 在程序开始运行时,系统自动打开 3 个标准文件:标准输入、标准输出、标准出错输出。

8.2.2　文件的关闭

文件一旦使用完毕,应用关闭文件函数把文件关闭,以避免文件数据丢失等。关闭就是使文件指针变量不指向该文件,也就是文件指针变量与文件的联系断开,此后不能通过该指针对原来与其相联系的文件进行读写操作。

C 语言用 fclose 函数实现关闭一个文件,其调用的一般形式为:

fclose(文件指针);

例如:

fclose(fp);

正常完成关闭文件操作时,fclose 函数返回值为 0。如果返回非零值,则表示有错误发生。

8.3　文件的读写

对文件的读和写是最常用的文件操作。在 C 语言中提供了多种对文件进行读写操作的函数:字符读写函数 fgetc 和 fputc;字符串读写函数 fgets 和 fputs;数据块读写函数 freed 和 fwrite;格式化读写函数 fscanf 和 fprinf。

使用以上函数都要求包含头文件< stdio. h >,下面分别介绍。

8.3.1　字符读写函数

字符读写函数是以字符(字节)为单位的读写函数。每次可从文件读出或向文件写入一个字符。

1. 读字符函数 fgetc

C 语言用 fgetc 函数实现从文件中读入一个字符,其调用的一般形式为:

　　　字符变量 = fgetc(文件指针);
或　　**fgetc(文件指针);**

函数功能:从指定的文件中读一个字符,并可存入字符变量中。

说明:在 fgetc 函数调用中,读取的文件必须是以读或读写方式打开的。

例如：

```
ch = fgetc(fp);
```

其意义是从打开的文件 fp 中读取一个字符并存入 ch 中。

又如：

```
fgetc(fp);
```

其意义是从打开的文件 fp 中读取一个字符,但是读出的字符不保存。所以,读取字符的结果也可以不向字符变量赋值。

在文件内部有一个位置指针,用来指向文件的当前读写字节。在文件打开时,该指针总是指向文件的第一个字节。使用 fgetc 函数后,该位置指针将向后移动一个字节。因此可连续多次使用 fgetc 函数,读取多个字符。应注意文件指针和文件内部的位置指针不是一回事。文件指针是指向整个文件的,须在程序中定义说明,只要不重新赋值,文件指针的值是不变的。文件内部的位置指针用于指示文件内部的当前读写位置,每读写一次,该指针均向后移动,它不需在程序中定义说明,而是由系统自动设置的。

【例 8-1】 读入文件 C1.txt 并在屏幕上输出。

程序代码：

```
#include < stdio.h >
void main()
{
    FILE  * fp;
    char ch;
    if((fp = fopen("C1.txt","r")) == NULL)
    {
        printf("Cannot open this file\n ");
        exit(0);
    }
    else
    for (ch = fgetc(fp); ch! = EOF ;ch = fgetc(fp))
        putchar(ch);
    fclose(fp);
}
```

程序说明：

程序的功能是从文件中逐个读取字符并在屏幕上显示,程序以读方式打开文件"C1.txt",如打开文件出错,系统给出提示并退出程序。如打开文件成功,程序进入 for 循环,只要读出的字符不是文件结束标志(每个文件末有一结束标志 EOF)就把该字符显示在屏幕上,再读入下一字符。每读一次,文件内部的位置指针向后移动一个字符,当文件结束时,该指针指向 EOF。执行本程序将显示整个文件。

2. 写字符函数 fputc

C 语言用 fputc 函数实现写一个字符到文件中,其调用的一般形式为：

fputc(字符量,文件指针);

函数功能：把一个字符写入指定的文件中。

例如：

```
fputc('a',fp);
```

其意义是把字符 a 写入 fp 所指向的文件中。

fputc 函数有一个返回值，如果写入成功，则返回写入的字符，否则返回一个 EOF。可用此来判断写入是否成功。EOF 是在头文件<stdio.h>中定义的符号常量，值为-1。

对于 fputc 函数有以下几点说明：

① 待写入的字符量可以是字符常量或字符变量；

② 每写入一个字符，文件内部位置指针向后移动一个字节；

③ 被写入的文件可以用写、读写、追加方式打开；

④ 用写或读写方式打开一个已存在的文件时将清除原有的文件内容，写入字符从文件首开始；

⑤ 如需保留原有文件内容，希望写入的字符以文件末开始存放，必须以追加方式打开文件，被写入的文件若不存在，则创建该文件。

如果想从一个磁盘文件顺序读入字符并在屏幕上显示出来，可以用：

```
ch = fgetc(fp);
while(ch! = EOF)
{
    putchar(ch);
    ch = fgetc(fp);
}
```

由于 EOF 是一个不可输出的字符，因此不能在屏幕上显示。当读入的字符值等于-1（即 EOF）时，表示文件读入结束。但这种处理方法只适用于读文本文件。为了解决二进制数据文件读入结束的判定问题，C 语言系统提供了一个 feof()函数来判断文件是否真的结束。feof(fp)用来测试文件指针 fp 所指向的文件当前状态是否为文件结束。如果是文件结束，函数 feof(fp)的值为 1（真）；否则为 0（假）。

例如，如果想顺序读入一个二进制文件中的数据，可以用：

```
ch = fgetc(fp);
while(! feof(fp))
{
    putchar(ch);
    ch = fgetc(fp);
}
```

【例 8-2】 从键盘输入一些字符，逐个把它们送到磁盘上去，直到输入一个"♯"为止。

程序代码：

```
# include < stdio. h >
void main()
{
    FILE * fp;
    char ch,filename[10];
```

```
        scanf(" % s",filename);
        if((fp = fopen(filename,"w")) == NULL)
        {
            printf("Cannot open file\n");
            exit(0);}
        ch = getchar();
        while(ch! = '#')
        {
            fputc(ch,fp);putchar(ch);
            ch = getchar();
        }
        fclose(fp);
    }
```

程序运行情况:

输入:

file1.c	(输入磁盘文件名)
computer and c#	(输入一个字符串)

输出:

computer and c	(输出一个字符串)

程序说明:

可以用 DOS 命令将 file1.c 文件中的内容打印出来:

```
C > type file.c
computer and c
```

证明了在 file1.c 文件中已存入了"computer and c"的信息。

程序中第 6 行以写方式打开文件。程序第 9 行从键盘读入一个字符后进入循环,当读入字符不为'#'时,则把该字符写入文件之中,然后继续从键盘读入下一字符。每输入一个字符,文件内部位置指针向后移动一个字节。写入完毕,该指针已指向文件末。

8.3.2 字符串读写函数

字符串读写函数 fgets 和 fputs 能对 ASCII 文件一次读出或写入一行字符串。

1. 读字符串函数 fgets

C 语言用 fgetc 函数实现读入一个字符串,其调用的一般形式为:

fgets(字符数组名,n,文件指针);

函数功能:从指定的文件中读入一个字符串到字符数组中。

其中 n 是一个正整数,表示从文件中读出的字符串不超过 n−1 个字符。在读入的最后一个字符后面加上字符串结束标志'\0'。

例如:

```
fgets(str,n,fp);
```

其意义是从 fp 所指的文件中读出 n−1 个字符送入字符数组 str 中。

【例 8-3】　从 test 文件中读入一个含 20 个字符的字符串。

程序代码：

```
#include<stdio.h>
main()
{
    FILE *fp;
    char str[21];
    if((fp=fopen("test.txt","r"))==NULL)
    {
        printf("Cannot open this file\n");
        exit(1);
    }
    fgets(str,21,fp);
    printf("\n%s\n",str);
    fclose(fp);
}
```

程序说明：

程序中定义了一个字符数组 str 共 21 个字节，在以读方式打开文件 test 后，从中读出 20 个字符送入 str 数组中，在数组最后一个单元内将加上'\0'，然后在屏幕上显示输出 str 数组。

对 fgets 函数的使用有两点说明：

（1）在读出 n−1 个字符之前，如遇到了换行符或 EOF，则读出结束；

（2）fgets 函数也有返回值，其返回值是字符数组的首地址。

2. 写字符串函数 fputs

C 语言用 fputs 函数实现写一个字符串指定文件中，其调用的一般形式为：

fputs(字符串,文件指针);

函数功能：向指定的文件写入一个字符串。

其中字符串可以是字符串常量，也可以是字符数组名，或指针变量。

例如：

```
fputs("abcd",fp);
```

其意义是把字符串"abcd"写入 fp 所指的文件之中。

【例 8-4】　从键盘输入字符，并输出到磁盘文件。

程序代码：

```
#include<stdio.h>
main()
{
    FILE *fp;
    char str[100];
    if((fp=fopen("test.txt","w"))==NULL)
```

```
    {
        printf("Cannot open this file");
        exit(0);
    }
    while(strlen(fgets(str))>0)
    {
        fputs(str,fp);
        fputs("\n",fp);
    }
    fclose(fp);
}
```

运行时,从键盘输入的字符被送到 str 字符数组。用 fputs 函数把字符串输出 test.txt 文件。

8.3.3 数据块读写函数

ANSI C 标准提出设置两个函数(fread 和 fwrite),用来读写一个数据块,主要用于对二进制文件的读写。这两个函数不仅能进行成批数据的读写,而且还能读写任何类型的数据。

1. 读数据块函数 fread

调用形式为:

fread(buffer,size,count,fp);

函数功能:从指针 fp 当前指向的二进制文件中连续读出 count×size 个字节的内容,并存入首地址为 buffer 的内存区域中。

2. 写数据块函数 fwrite

调用形式为:

fwrite(buffer,size,count,fp);

函数功能:将首地址为 buffer 的连续 count×size 个字节的值写入由 fp 指向的二进制文件中去。

对以上两个函数的参数说明如下:

(1) buffer:是一个指针。对 fread 函数,它是读入数据的存放地址。对 fwrite 函数,是要输出数据的地址(以上指的均为起始地址)。

(2) size:要读写的字节数。

(3) count:要进行读写多少个 size 字节的数据项数。

(4) fp:文件型指针。

如果文件以二进制形式打开,用 fread 和 fwrite 函数就可以读写任何类型的信息,例如:

```
fread(f,sizeof(float),2,fp);
```

其中 f 是一个单精度浮点型数组名,一个单精度浮点型变量占 4 个字节,这个函数从 fp

所指向的文件读入 2 次（每次 4 个字节）数据，存储到数组 f 中。

如果定义一个如下的结构体类型变量：

```
struct student_type
{
    char name[10];
    int num;
    int age;
    char addr[30];
}stud[40];
```

结构体数组 stud 有 40 个元素，每一个元素用来存放一个学生的数据（包括姓名、学号、年龄、地址）。假设学生的数据已存放在磁盘文件中，可以用下面的 for 语句和 fread 函数读入 40 个学生的数据：

```
for(i = 0;i < 40;i++)
    fread(&stud[i],sizeof(struct student_type), 1, fp);
```

同样，以下 for 语句和 fwrite 函数可以将内存中的学生数据输出到磁盘文件中去：

```
for(i = 0;i < 40, i++)
    fwrite(&stud[i],sizeof(struct student_type), 1, fp);
```

如果 fread 或 fwrite 调用成功，则函数返回值为 count 的值，即输入或输出数据项的完整个数。

【例 8-5】 将 100～200 的素数存到文件 data.txt 中。

程序代码：

```
#include < stdio.h >
void main()
{
    FILE * fp;
    int n,r,k;
    if(fp = fopen("data.txt","wb")) == NULL)
    {
        printf("This file can not opened!");
        exit(0);
    }
    for(n = 101; n < 200; n = n + 2)
    {
        r = sqrt(n);
        for(k = 2; k < = r; k++)
        if(n % k == 0) break;
        if(k > r) fwrite(&n,sizeof(int),1,fp);
    }
    fclose(fp);
}
```

程序说明：程序运行时将 100～200 的素数存到文件 data.txt 中，没有在屏幕上显示，因此看不到结果。文件 data.txt 是以二进制形式创建的，不能直接查看其内容。

【**例 8-6**】 将例 8-5 生成的数据文件 data.txt 中的素数按每行 10 个数输出。

程序代码：

```
# include < stdio. h>
void main()
{
    FILE * fp;
    int n = 0,k;
    if(fp = fopen("data.txt","rb")) == NULL)
    {
        printf("This file can not opened! ");
        exit(0);
    }
    fread(&k,sizeof(int),1,fp);
    while(!feof(fp))
    {
        if(n % 10 == 0) printf("\n");
        printf(" % 6d",k);
        fread(&k,sizeof(int),1,fp);
        n++;
    }
}
```

程序说明：

程序运行时是将数据文件 data.txt 中的数每次读出一个，暂存到变量 k 中，接着输出 k 的值，直到将文件 data.txt 中的数读完为止。在实际应用中，一般的做法是将数据文件中的数读出并存入一个数组，再对数组进行相应的运算处理。

8.3.4 格式化读写函数

fscanf 和 fprintf 函数与前面使用的 scanf 和 printf 函数的功能相似，都是格式化读写函数。两者的区别在于 fscanf 函数和 fprintf 函数的读写对象不是键盘或显示器，而是磁盘文件。

这两个函数的调用格式为：

fscanf(文件指针,格式字符串,输入表列);
fprintf(文件指针,格式字符串,输出表列);

例如：

```
FILE * fp;
int a = 128,b = 256;
Fp = fopen("da.txt","w");
fprintf(fp," % 3d % 5d",a,b);
```

其意义是将 a 和 b 的值按格式"%3d%5d"写到 fp 所指向的文件 da.txt 中。

```
FILE * fp;
int m,n;
fp = fopen("da.txt","r");
```

```
fscanf(fp,"%d%d",&m,&n);
```

其意义是从 fp 所指向的文件 da.txt 中取出两个整数分别赋给 m 和 n。

【例 8-7】 把短句"Hello world!"保存在磁盘文件 f1.txt 中。

```
#include<stdio.h>
#include<stdlib.h>
void main()
{
    FILE *fp;
    char *str="Hello World!";
    fp=fopen("f1.txt","w");
    if(fp==NULL)
    {
        printf("Can not open this file\n");
        exit(0);
    }
    else
        fscanf(fp,"%s",str);
    fclose(fp);
    printf("%s\n",str);
}
```

【例 8-8】 将例 8-7 生成的磁盘文件 f1.txt 中的内容读出并显示在屏幕上。

```
#include<stdio.h>
#include<stdlib.h>
void main()
{
    FILE *ft;
    char str[100]={0};
    int k=0;
    ft=fopen("f1.txt","r");
    if(ft==NULL)
    {
        printf("Can not open this file\n");
        exit(0);
    }
    else
    {
        while(!feof(ft))
        {
            fscanf(ft,"%c",&str[k]);
            k++;
        }
        str[k]='\0';
    }
    fclose(ft);
    printf("%s\n",str);
}
```

程序中读取磁盘文件 f1.txt 中的内容时，是逐个读出文件 f1.txt 中的字符，即 fscanf

(ft,"%c",&str[k]),这是因为文件 f1.txt 中的字符串有空格,不能用"%s"来操作,否则只读出第一个空格之前的部分。

8.4 文件定位函数

文件的读写操作依赖文件的内部指针,文件一旦被正确打开,就会有一个指针指向文件的开始处,以后每执行一次读写操作指针就会后移一个读写位置,为下一次读写做好准备。这种方式被称为"顺序读写"。而实际应用中,往往需要对文件进行随机读写,这就需要人为地移动指针。C 语言提供了文件定位函数,可移动指针到需要处。

8.4.1 重置文件指针函数

函数调用格式:

rewind(文件指针);

函数功能:移动文件指针到文件的开始处,函数无返回值。

【例 8-9】 将 file1 的内容输出到屏幕上,并将其写到 file2 中。

程序代码:

```
# include < stdio. h >
void main( )
{
    FILE  * fp1, * fp2;
    char ch;
    fp1 = fopen("file1.c","r");
    fp2 = fopen("file2.c","w");
    ch = fgetc(fp1);
    while(!feof(fp1))      /* 将 file1 的内容输出到屏幕上 */
    {
        putchar(ch);
        ch = fgetc(fp1);
    }
    rewind(fp1);           /* 将 file1 的指针移到开始处 */
    ch = fgetc(fp1);
    while(!feof(fp1))      /* 将 file1 的内容写到 file2 中 */
    {
        fputc(ch,fp2);
        h = fgetc(fp1);
    }
    fclose(fp1);
    fclose(fp2);
}
```

8.4.2 设置指针位置函数

函数调用格式:

fseek(fp, n,tag);

函数功能：将文件指针移动到离文件开始处的第 n 个字节处。

其中 fp 为文件指针；n 为位移的字节数，须为长整型；tag 代表位移的基点，tag＝0 时代表文件开始处，tag＝1 时代表文件当前位置，tag＝2 时代表文件的末尾。

例如：

```
fseek(fp,100L,0);          /* 将指针移动到第 100 个字节处 */
fseek(fp, – 80L,1);        /* 将指针从当前的第 100 个字节处向前移动 80 个字节，即第 20 个字
                              节处 */
fseek(fp, – 60L,2);        /* 将指针移动到文件倒数第 60 个字节处 */
```

使用时应注意，fseek 函数仅适用于二进制文件，若用于 ASCII 文件时，由于字符在输入输出时需要做内码转换，会造成位置出错而使 fseek 函数调用失败。

8.4.3　取指针位置函数

函数调用格式：

ftell(文件指针);

函数功能：用来取得文件流目前的读写位置。返回值为长整型的当前读写位置，若有错误，则返回－1。

例如：

```
fseek(fp, – 60L,1);
if (ftell(fp) ==– 1L)      /* 若指针位置有错，则给出提示信息，并结束程序执行 */
{
    printf("Error!\n);
    exit(0);
}
```

8.5　文件出错检测函数

在磁盘的输入输出操作中，可能会出现各种各样的错误。例如，磁盘介质缺陷或磁盘驱动器未准备好、文件路径不正确等都会造成文件的读写错误。为了避免出错，C 语言提供了几个用于文件检测的函数。

8.5.1　读写出错检测函数

函数调用格式：

ferror(文件指针);

函数功能：检查文件在用各种输入输出函数进行读写时是否出错。如 ferror 返回值为 0 表示未出错，否则表示有错。

例如：

```
if(ferror(fp))
```

```
    {
        printf("file can't i/o\n");
        fclose(fp);
        exit(0);
    }
```

其中,调用 fopen 函数时,ferror 函数初值自动置为 0。对同一个文件,每次调用 ferror 函数都会产生一个新的 ferror 函数值与之对应,因此对文件执行一次读写后,应及时检查 ferror 函数的值是否正确,以避免数据的丢失。

8.5.2 清除文件出错标志函数

若对文件读写时出现错误,ferror 函数就返回一个非零值,而且该值一直保持到对文件的下一次读写为止。clearerr 函数清除出错标志,使 ferror 函数值复位为 0。

函数调用格式:

clearerr(文件指针);

函数功能:本函数用于清除出错标志和文件结束标志,使它们为 0 值。

8.5.3 清除文件函数

当文件操作出现错误的时候,为了避免数据丢失,正常返回操作系统,可以调用过程控制函数 exit 关闭文件,中止程序的执行。

函数调用格式:

exit([status]);

函数功能:清除并关闭所有已打开的文件,写出文件缓冲区的所有数据,程序按正常情况由 main()函数结束并返回操作系统。

其中 status 为状态值,它被传递到调用函数。若 status 取零值,表示程序正常中止,否则表示因错而中止。若缺省,则无返回值。

【例 8-10】 用记事本在 E 盘建立一个 en. txt 文件,内容为一英文文章。编写程序,统计文章中大写字母、小写字母、空格和其他字符个数。

程序代码:

```
#include <stdio.h>
#include <ctype.h>
void main()
{
    FILE * fp;
    char in;
    int up, low, space, other;
    fp = fopen("E:\\en.txt", "r");
    if(fp == NULL)
    {
        printf("Cannot open this file");
        exit(0);
```

```
    }
    up = low = space = other = 0;
    while(fscanf(fp,"% c",&in)!= EOF)
    {
        if(islower(in))    low++;
        else if(isupper(in)) up++;
            else if(isspace(in))   space++;
                else  other++;
    }
    fclose(fp);
    printf("% d % d % d % d\n",up,low,space,other);
}
```

本章小结

　　通过本章的学习应掌握如何从文件中读取数据和向文件中写入数据。区分读写一个字符、一个字符串、一个数据块的不同。

　　可将本章的知识与数组、指针、结构体综合应用。

习题

　　1. 从键盘输入一个字符串,并逐个将字符串中的每个字符以文本形式写到磁盘文件 string.txt 中,用"＃"结束字符串的输入。

　　2. 编写程序,将第 1 题所生成的磁盘文件 string.txt 的内容读出并显示在屏幕上。

　　3. 创建一个纯文本数据文件,输入 20 个整数存入其中。编写程序,求这 20 个数的最大值和最小值。

　　4. 编写程序,将 Fibonacci 数列：1,1,2,3,5,8,13……前 40 项以二进制形式写到磁盘文件中。

　　5. 编写程序,将第 3 题所生成的数据文件读出并以每行 5 个数的形式显示在屏幕上。

第9章 面向对象与C++程序设计

C++程序设计语言可以看作是更具特色的C语言,是C语言的扩展。C语言是20世纪70年代由贝尔实验室的Dennis Ritchie创建的,其独特之处在于它是一种拥有众多低级语言特性的高级语言,这使它成为编写系统程序的最佳选择。然而,C语言没有其他高级语言易于理解,自动检测功能也相对较少。为了克服C语言的缺陷,20世纪80年代贝尔实验室的Bjarne Stroustrup开发了C++程序设计语言。C++除了包含C语言的大部分内容,还有许多创建类的工具,因此可以用于面向对象程序设计。

本章要点

➢ 面向对象的基本概念。

➢ C++语言的基本数据类型及函数介绍。

➢ 类与对象。

➢ 类的继承性和派生类。

9.1 面向对象概述

面向对象(Object Oriented,OO)是一种认识世界的方法,也是一种程序设计方法,是当下软件开发的主流思想之一。面向对象的思想已经涉及软件开发的各个方面,例如,面向对象的分析(Object Oriented Analysis,OOA)、面向对象的设计(Object Oriented Design,OOD)以及面向对象的程序设计(Object Oriented Programming,OOP)。

9.1.1 面向对象的概念

面向对象的观点认为,客观世界是由各种各样的实体,也就是对象组成的。观察一下周围的世界,随处都能看到对象——人、动物、房子、车、桥等。每种对象都有自己的状态(如大小、颜色、身高、体重等)和运动规律(如人可以学习,车可以行驶,气球可以飞等),即属性和行为。不同对象之间通过消息传送进行相互作用和联系就构成了各种不同的系统,进而构成整个客观世界。人们通过研究属性和观察行为来学习已有的对象,如可以比较人和猩猩。用类似描述现实世界对象的方法设计程序就是面向对象的程序设计。

"面向对象"不仅仅作为一种技术,更作为一种方法贯穿于软件设计的各个阶段。面向对象程序设计的主要特点是封装、继承与多态。封装是一种信息隐藏或抽象的方式;继承可用于编写可重复使用的代码;多态指的是在继承的内容中可以让一个名字具有多个意义的方法。

9.1.2　面向对象的特征

面向对象程序设计方法是迄今为止较符合为人类认识问题思维过程的方法,这种方法具有抽象性、封装性、继承性和多态性4个基本特征。

1. 抽象性

面向对象鼓励程序员以抽象的观点看待程序,即程序是由一组对象组成的。将一组对象的共同特征进一步抽象出来,从而形成"类"的概念。抽象是一种从一般的观点看待事物的方法,它要求程序员集中于事物的本质特征,而不是具体细节或具体实现。类的概念来自人们认识自然和认识社会的过程。在这一过程中,人们主要使用两种方法:从特殊到一般的归纳法和从一般到特殊的演绎法。在归纳的过程中,把具体事物的共同特征抽取出来,形成一个一般的概念,这就是"归类"。在演绎的过程中,根据不同的特征将同类事物分成不同的小类,这就是"分类"。

2. 封装性

所谓数据封装,是指将一组数据和与这组数据有关的操作集合组装在一起。数据封装给数据提供了与外界联系的标准接口。无论是谁,只有通过这些接口,使用规范的方式,才能访问这些数据。数据封装是软件工程发展的必然产物,使得程序员在设计程序时可以专注于自己的对象,同时也切断了不同模块之间数据的非法使用,减少了出错的可能性。

3. 继承性

代码复用可以极大地提高程序开发的效率。在面向对象的程序设计中,大量使用继承和派生,用以达到提高程序开发效率的目的。

继承性是面向对象程序设计的一个重要特性,继承性反映了类的层次结构,并支持对事物从一般到特殊的描述。继承性使得程序员能够以一个已有的、较一般的类为基础建立一个新类,而不必从零开始设计。这个新类可从已有的类继承特征,称为派生类或子类;而已有的类称为基类,也称为超类或父类。

类的派生实际是一种演化、发展的过程,即通过扩展、更改和特殊化,从一个已知类出发建立一个新类。通过类的派生可以建立具有共同关键特征的对象家族,从而实现代码复用。派生类同样也可以作为基类从而再派生新的类,这样就形成了类的层次结构。

类的继承和派生,可以说是人们对自然界中的事物进行分类、分析和认识的过程在程序设计中的体现。现实世界中的事物都是相互联系、相互作用的,人们在认识过程中,根据事物的实际特征,抓住其共同特性和细小差别,利用分类的方法对这些实体或概念之间的相似点和不同点进行分析和描述。这种继承和派生的机制对于已有程序的发展和改进是极为有利的。

4. 多态性

不同的对象可以调用相同名称的函数,并可导致完全不同的行为的现象称为多态性。

利用多态性,程序中只要进行一般形式的函数调用,函数的实现细节留给接收函数调用的对象,这样就在很大程度上提高了解决复杂问题的能力。

9.2 C++基础

  C++语言是由 C 语言发展而来的,是 C 语言的超集。C++语言既可用于面向过程的结构化程序设计,又可用于面向对象的程序设计,是一种功能强大的混合型的程序设计语言。

9.2.1 面向对象的 C++

  C++语言是一种面向对象的程序设计语言,它对面向对象的程序设计方法的支持如下:

1. 支持数据封装

  在 C++语言中,类是支持数据封装的工具,对象是数据封装的实现。在封装中,还提供了一种对数据访问的控制机制,使得有些数据被隐藏在封装体内,因此具有隐藏性。封装体与外界进行信息交换是通过操作接口进行的。这种访问控制机制体现在类的成员中可以有公有成员、私有成员和保护成员。

2. 支持继承性

  继承是面向对象语言的重要特性,C++语言允许单一继承和多重继承。一个类可以根据需要生成它的派生类,派生类还可以再生成它的派生类。派生类继承了基类成员,另外它还可以定义自己的成员。继承是实现抽象和共享的一种机制。

3. 支持多态性

C++语言支持多态性表现在:
(1) C++语言允许函数重载和运算符重载;
(2) C++语言可以定义虚函数,通过它来支持动态联编。动态联编是多态性的一个重要特征。

9.2.2 C++的输入和输出

  在 C++语言中,将数据从一个对象到另一个对象的流动抽象为"流"。从流中获取数据的操作称为提取操作,向流中添加数据的操作称为插入操作。C++语言提供了 I/O 流机制,包括流输入和流输出,完成输入输出操作。cin 和 cout 是预定义的流对象。cin 用来处理标准输入,即键盘输入;cout 用来处理标准输出,即屏幕输出。由于 cin 和 cout 被定义在 iostream 头文件中,在使用它们之前,要用预编译命令 #include 将 iostream 包括到用户的源程序中,即应该在源文件的起始位置使用下面语句:

```
#include <iostream>
```

1. 使用 cout 输出

格式：

cout << 表达式 1[<< 表达式 2 …];

说明：使用 cout 可以输出任意数目的数据项，每一项可以是变量、表达式或更复杂的表达式，只需要在每一个输出项前加上输出运算符"<<"即可。

例如：

cout << "hello\n"<<"C++Programming\n";

上面这条语句输出 2 个字符串，一个字符串一行。

例如：

cout << "k = " << k << endl;

上面这条语句输出 2 项内容，字符串"k＝"和变量 k 的值。

注意：endl 是 C++输出流的常数，在头文件 iostream 中定义，代表让光标换行。在 C++中也可以用"\n"控制光标换行。所以上面的输出语句也可以写成：

cout << "k = " << k << "\n";

2. 使用 cin 输入

格式：

cin >> 变量 1[>> 变量 2 …];

说明：通过 cin 语句可以将变量值设定为一个从键盘输入的值。使用 cin 输入和使用 cout 输出方式相似，用 cin 取代 cout 并且将输出运算符"<<"改成提取运算符">>"。

例如：

int a,b;
cin >> a >> b;

上述例子的含义是定义 a,b 两个变量，将键盘输入的第一个数据给变量 a，第二个数据给变量 b。

注意：从键盘输入数据时，数据之间用一个空格、多个空格或者回车分隔。

9.2.3　关于 C++的数据类型

作为强类型语言，C++数据的使用严格遵从"先声明，后使用"原则。C++的数据类型分为两大类：基本数据类型和非基本数据类型。基本数据类型是由 C++内部预定义的，而非基本数据类型是用户根据程序需要并按 C++语法规则构造出来的数据类型。C++的数据类型如图 9-1 所示。

在 C++中为了更加准确地描述数据类型，提供了 4 种类型修饰符：signed（有符号）、unsigned（无符号）、long（长型符）以及 short（短型符）。这些类型修饰符可以和 int、char 或

图 9-1　C++中的数据类型

long 配合使用。基本数据类型的数据表示和取值范围如表 9-1 所示。

表 9-1　C++基本数据类型描述

关 键 字	类 型	字 节	取 值 范 围
short short int signed short int	有符号短整型	2	$-2^{15} \sim 2^{15}-1$ 的整数
unsigned short unsigned short int	无符号短整型	2	$0 \sim 2^{16}-1$ 的整数
int signed int	有符号整型	4	$-2^{31} \sim 2^{31}-1$ 的整数
unsigned unsigned int	无符号整型	4	$0 \sim 2^{32}-1$ 的整数
long long int signed long int	有符号长整型	4	$-2^{31} \sim 2^{31}-1$ 的整数
unsigned long unsigned long int	无符号长整型	4	$0 \sim 2^{32}-1$ 的整数
float	单精度	4	$-3.402823 \times 10^{38} \sim 3.402823 \times 10^{38}$ 的数（6 位有效数）
double	双精度	8	$-1.7977 \times 10^{308} \sim 1.7977 \times 10^{308}$ 的数（15 位有效数）
long double	长双精度	8	$-1.7977 \times 10^{308} \sim 1.7977 \times 10^{308}$ 的数（17 位有效数）
charsigned char	有符号字符型	1	$-128 \sim 127$ 的整数
unsigned char	无符号字符型	1	$0 \sim 255$ 的整数
bool	布尔型		true(1)和 false(0)

注意：整型（int）的长度取决于机器的字长，在 16 位机环境下 int 的长度为 2 个字节；在 32 位机环境下 int 的长度为 4 个字节。但是 short 和 long 表示的数据长度是固定的，任何支持标准 C++ 的编译器都是如此。无论怎样，C++ 语言遵循短整型（short）的长度小于等于整型（int）的长度，整型（int）的长度小于等于长整型（long）的长度。

9.2.4 关于 C++ 的函数

C++ 提供了丰富的函数，用于执行数学计算、字符串操作、字符处理以及许多其他操作。使用函数，可以提高程序员的编程效率。C++ 标准库函数是 C++ 编程环境不可分割的一部分。

使用函数前，需要引用头文件。调用函数时，只需要指定函数名称，后跟一对包含函数实参的小括号即可。表 9-2 中描述了部分 C++ 标准库头文件及其说明。以<cmath>头文件为例，简单说明了 C++ 语言中的常用数学函数，具体见表 9-3。

表 9-2　C++标准库部分头文件

C++标准库头文件	说　　明
<iostream>	包含 C++ 标准输入和输出函数
<cmath>	包含数学库函数
<cstdlib>	包含数字和文本的互换、内存分配、随机函数等
<ctime>	包含时间和日期函数
<string>	包含 C 式字符串处理函数
<cstring>	包含 C++ 标准库中的 string 类的定义
<functional>	包含 C++ 标准库算法所用的类和函数

表 9-3　数学库函数

函　　数	描　　述	示　　例
ceil(x)	x 取整为不小于 x 的最小整数	ceil(9.2)结果为 10.0
floor(x)	x 取整为不大于 x 的最大整数	floor(9.2)结果为 9.0
cos(x)	取 x 的余弦（注：x 弧度）	cos(0.0)结果为 1.0
sin(x)	取 x 的正弦（注：x 弧度）	sin(0.0)结果为 0
tan(x)	取 x 的正切（注：x 弧度）	tan(0.0)结果为 0
exp(x)	指数函数 e^x	exp(1.0)结果为 2.71828
log(x)	x（底数为 e）的自然对数	log(2.71828)结果为 1.0
log10(x)	x（底数为 10）的对数	log10(10.0)结果为 1.0
fmod(x,y)	x/y 的浮点数余数	fmod(2.6,1.2)结果为 0.2
pow(x,y)	x 的 y 次幂	pow(2,7)结果为 128，pow(9,0.5)结果为 3
sqrt(x)	x 的平方根（注：x 是非负数）	sqrt(36)结果为 6.0
fabs(x)	x 的绝对值	fabs(−8.7)结果为 8.7

9.3　类与对象

类是对一组具有相同特征的对象的抽象描述。对象是类的实例，是由数据及其操作所构成的封装体。对象是面向对象方法的主体。例如：在学籍管理系统中，学生是一个类，而一个具体的学生则是学生类的一个实例。在程序设计语言中，类是一种数据类型，对象是该类型的变量，变量名即是某个具体对象的标识。类和对象的关系相当于普通数据类型与其变量的关系。类是一种逻辑抽象概念，在C++中声明一个类只是定义了一种新的数据类型，对象说明才是真正创建了这种数据类型的物理实现。由同一个类创建的各个对象具有完全相同的数据结构，但它们的数据值可能是不同的。

9.3.1　类的定义

在C++语言中，一个类的定义包含数据成员和成员函数两部分内容。数据成员定义该类对象的属性，不同对象的属性值可以不同。成员函数定义该类对象的操作，即行为。

类的定义格式如下：

```
class 类名
{
    private:          //私有数据成员和成员函数
    public:           //公有数据成员和成员函数
    protected:        //保护数据成员和成员函数
};
```

类的定义说明如下：

（1）class是定义类的关键字。类名是一种标识符，必须符合标识符的命名规则。一般情况下，类名第一个字母大写。{}内是类的说用部分，说明该类的成员。类的成员包括数据成员和成员函数。

（2）类成员具有public、protected和private 3种访问控制权限。类具有封装性，C++中的数据封装通过类来实现。外部不能访问说明为protected和private的成员。

【例9-1】　定义一个日期类进行日期描述。

```
class TDate
{
    private:
        int year;
        int month;
        int day;
    public:
        void setDate( int y, int m, int d);
        void showDate();
};
```

程序说明：在TDate类中，数据成员year、month、day是私有数据成员；成员函数setDate()和getDate()是公有成员函数，类外部若想对类TDate的数据进行操作，只能通过这两个公有的成员函数进行。

一个类应该包括多少数据成员或成员函数，如何进行访问权限设置，这些是面向对象分析和面向对象设计要解决的问题。一般情况下，一个类的数据成员应该声明为私有成员，这样封装性较好。一个类应该设置一些公有的成员函数作为对外的接口，否则别的代码无法访问类，该类将成为一个孤立的类。

类是一种数据类型，定义时系统不为类分配存储空间，所以不能在类定义中为数据成员赋初值。例如：

```
class Tdate
{
    private:
        int year = 0;          //错误
        int month = 0;         //错误
        int day = 0;           //错误
    public:
        void setDate( int y, int m, int d);
        void showDate();
};
```

C++规定只有在类对象定义之后才能给数据成员赋初值。

9.3.2　成员函数的定义

类的数据成员说明对象的特征，成员函数决定对象的操作行为。成员函数是程序算法实现部分，是对封装的数据进行操作的唯一途径。类的成员函数有两种定义方法：外联定义和内联定义。

1. 外联定义

外联定义是指在类定义体中声明成员函数，而在类外定义成员函数。在类中声明成员函数时，它所带的函数参数可以只指出其类型。在类外定义成员函数时，必须在函数名前放上类名，并且在类名和函数名之间加上作用域区分符。

在类外定义成员函数的具体形式为：

返回值类型 类名∷成员函数名(形式参数表)
{
**　　函数体**
}

【例 9-2】　在类外定义 setDate( )和 showDate( )函数。

```
class Tdate
{
    private:
        int year;
        int month;
        int day;
    public:
```

```
            void setDate(int y, int m, int d);
            void showDate();
};
//setDate()成员函数实现
void Tdate::setDate(int y, int m, int d)
{
    year = y;
    month = m;
    day = d;
}
//showDate()成员函数实现
void Tdate::showDate()
{
    cout << year <<"年"<< month <<"月"<< day <<"日"<< endl;
}
```

程序说明：在类外定义了成员函数 setDate()和 showDate()的功能。在函数名称之前加上类名及作用域区分符。

2．内联定义

内联函数是指程序在编译时将函数的代码插入在函数的每个调用处,作为函数体的内部扩展,用来避免函数调用机制所带来的开销,提高程序的执行效率。通常,可以将那些仅由少数几条简单代码组成,却在程序中被频繁调用的函数定义为内联函数。内联函数有两种定义方法：一种方法是在类定义体内定义内联成员函数；另一种是使用 inline 关键字。

（1）在类定义体内定义内联函数。

【例 9-3】 在类内定义成员函数。

```
class Tdate
{
    private:
        int year;
        int month;
        int day;
    public:
        //类内定义成员函数
        void setDate(int y, int m, int d)
        {
            year = y;
            month = m;
            day = d;
        }
        //类内定义成员函数
        void showDate()
        {
        cout << year <<"年"<< month <<"月"<< day <<"日"<< endl;
        }
};
```

（2）使用关键字 inline 定义内联成员函数。

在类外,可以使用关键字 inline 定义内联成员函数。关键字 inline 有两种使用格式：

```
inline 返回值类型 类名::成员函数名(形式参数表)
{
    函数体
}
```

或者

```
返回值类型 inline 类名::成员函数名(形式参数表)
{
    函数体
}
```

【例 9-4】　使用关键字 inline 定义内联成员函数。

```
class Tdate
{
    private:
        int year;
        int month;
        int day;
    public:
        void setDate(int y, int m, int d);
        void showDate();
};
//使用关键字 inline 定义内联成员函数
inline void Tdate::setDate(int y, int m, int d)
{
    year = y;
    month = m;
    day = d;
}
//使用关键字 inline 定义内联成员函数
void inline Tdate::showDate()
{
    cout << year <<"年"<< month <<"月"<< day <<"日"<< endl;
}
```

9.3.3　对象的定义及使用

类描述了一类问题的共同属性和行为,在 C++ 中,类的对象就是该类的某一特定实例。例如,将班级的学生看作一个类,那么每一个学生就是该类的一个特定实例,也就是一个对象。在 C++ 中,类与对象之间的关系,可以用数据类型 int 和 int 型变量 i 之间的关系来类比。就像定义 int 类型的变量一样,也可以定义类的变量,C++ 把类的变量称为类的对象,对象也称为类的实例。

1. 对象的定义

对象是类的实例,是由数据及其操作所构成的封装体。对象可以在定义类的同时进行定义,也可以在使用时定义。

（1）在定义类的同时定义对象。

格式：

class 类名
{
　　⋮
}对象名 1, 对象名 2, …;

例如：

```
class Test
{
   ⋮
}t1,t2,t3;
```

在定义类 Test 的同时，定义了 3 个 Test 类的对象，分别是 t1,t2,t3。

（2）在使用时定义对象。

格式：

类名 对象名 1, 对象名 2, …;

例如：

```
class Test
{
  ⋮
};
void main()
{
   Test t1,t2;
}
```

首先定义了 Test 类，然后在 main() 函数中定义了 2 个 Test 类的对象，分别是 t1 和 t2。

2. 对象的使用

完成了类及其对象的定义后，就可以通过对象来访问公有成员，从而实现对象内部属性的访问。对象对成员的访问形式如下：

对象名.公有成员名(实际参数);

注意：只有用 public 定义的公有成员才能使用圆点操作符访问。对象中的私有成员是类中隐藏的数据，不允许在类外的程序中被直接访问，只能通过该类的公有成员函数来访问。

【例 9-5】 定义日期类，包括 3 个私有数据成员和 2 个公有成员函数。定义日期类对象，设置并显示日期。

```
#include<iostream>
using namespace std;
class Tdate
{
```

```
        private:
            int year;
            int month;
            int day;
        public:
            void setDate(int y, int m, int d);
            void showDate();
}d1;                            //在定义类的同时定义对象 d1
void Tdate::setDate(int y, int m, int d)
{
    year = y;
    month = m;
    day = d;
}
void Tdate::showDate()
{
    cout << year <<"年"<< month <<"月"<< day <<"日"<< endl;
}
void main()
{
    Tdate d2;                   //在使用时定义对象 d2
    d1.setDate(2018,9,1);       //调用成员函数 setDate()设置对象 d1 的数据成员值
    d2.setDate(2018,10,1);      //调用成员函数 setDate()设置对象 d2 的数据成员值
    d1.showDate();              //调用成员函数 showDate()输出对象 d1 的数据成员的值
    d2.showDate();              //调用成员函数 showDate()输出对象 d2 的数据成员的值
}
```

9.3.4 构造函数

1. 构造函数的特征

对象的初始化是指对象数据成员的初始化,在使用对象前一定要初始化。由于数据成员一般为私有的,不能直接赋值。构造函数是一种特殊的成员函数,主要用来为对象的数据成员进行初始化,并为对象分配内存空间且执行对象的其他内部管理操作。构造函数除了具有一般成员函数的特征外,还具有如下一些特征。

(1)构造函数的名字必须与类名相同。

(2)构造函数没有返回类型,即使是 void 也不可以。

(3)构造函数可以带形式参数也可以不带,但其后的括号不能省略。

(4)构造函数可以重载,即一个类中可以有一个或多个构造函数,每个构造函数采用不同的方式完成数据成员的初始化。当一个类含有多个构造函数时,编译系统通过参数匹配来确定调用其中哪一个构造函数。

(5)构造函数不能像其他成员函数那样显式地被调用,它在声明对象时由系统自动调用。

(6)构造函数的访问权限应为 public。构造函数是在声明对象时调用的,而声明对象通常是在类外进行的,所以一般情况下把构造函数定义为类的公有成员。

(7)构造函数可以在类内部定义,也可以在类外部定义。

2．构造函数的定义

构造函数有两种定义形式，一种是在类的内部定义，一种是在类的外部定义。定义的具体格式如下：

（1）在类的内部定义。

格式：

```
class 类名
{
    private:
    protected:
    public:
        类名(形参表)
        {
            函数体
        }
};
```

【例 9-6】 在类中定义构造函数。

```cpp
#include<iostream>
using namespace std;
class Tdate
{
    private:
        int year;
        int month;
        int day;
    public:
        //在类内定义构造函数
        Tdate()
        {
            year = 2000;
            month = 1;
            day = 1;
        }
        void showDate()
        {
            cout << year <<"年"<< month <<"月"<< day <<"日"<< endl;
        }
};
void main()
{
    Tdate t1;
    t1.showDate();
}
```

（2）在类的外部定义。

格式：

```
class 类名
{
```

```
    private:
    public:
    protected:
};
类名::类名(形参表)
{
    函数体
}
```

【例 9-7】　在类外定义构造函数。

```
#include <iostream>
using namespace std;
class Tdate
{
    private:
        int year;
        int month;
        int day;
    public:
        Tdate();
        void showDate()
        {
            cout << year <<"年"<< month <<"月"<< day <<"日"<< endl;
        }
};
//在类外定义构造函数
Tdate::Tdate()
{
    year = 2000;
    month = 1;
    day = 1;
}
void main()
{
    Tdate t1;
    t1.showDate();
}
```

9.3.5　析构函数

1. 析构函数的特征

在 C++ 程序中，当一个对象的生存周期结束时，其占有的资源必须释放。C++ 在类中提供了一个特殊的成员函数来完成对象所占资源的释放，这个特殊的成员函数称为析构函数。

析构函数执行与构造函数相反的操作，通常用于撤销对象时的一些清理工作，如释放分配给对象的内存空间等。析构函数具有如下的特征：

（1）析构函数的函数名与类名相同，但它的前面必须加一个波浪号"～"；

（2）析构函数没返回类型，即使是 void 也不可以；

（3）析构函数不能带参数，即参数为空；

（4）由于析构函数不能带参数，所以析构函数不能重载，即一个类只能有一个析构函数；

（5）析构函数不能被显式调用，当对象的生命周期结束撤销对象时，由系统自动调用析构函数。

2．析构函数的定义

析构函数有两种定义形式，一种是在类的内部定义，一种是在类的外部定义。定义的具体格式如下：

（1）在类的内部定义。

格式：

```
class 类名
{
    private:
    protected:
    public:
        ～类名()
        {
            函数体
        }
};
```

【例 9-8】 在类内定义析构函数。

```
# include < iostream >
using namespace std;
class Tdate
{
    private:
        int year;
        int month;
        int day;
    public:
        Tdate()
        {
            year = 2000;
            month = 1;
            day = 1;
        }
        //在类内定义析构函数
        ～Tdate()
        {
            cout <<"执行析构函数!"<< endl;
        }
        void showDate()
        {
            cout << year <<"年"<< month <<"月"<< day <<"日"<< endl;
```

```
            }
        };
        void main()
        {
            Tdate t1;
            t1.showDate();
        }
```

（2）在类的外部定义。

格式：

```
class 类名
{
    private:
    public:
    protected:
};
类名::～类名()
{
    函数体
}
```

【例 9-9】 在类外定义析构函数。

```
#include < iostream >
using namespace std;
class Tdate
{
    private:
        int year;
        int month;
        int day;
    public:
        Tdate()
        {
            year = 2000;
            month = 1;
            day = 1;
        }
        ～Tdate();
        void showDate()
        {
            cout << year <<"年"<< month <<"月"<< day <<"日"<< endl;
        }
};
//在类外定义析构函数
Tdate::～Tdate()
{
    cout <<"执行析构函数!"<< endl;
}
void main()
```

```
{
    Tdate t1;
    t1.showDate();
}
```

9.4 类的继承性与派生类

类的继承是新的类从已经定义的类那里得到已有的特性,从已有的类产生新类的过程称为类的派生。从派生类的角度,根据基类数目的不同,可以分为单一继承和多重继承。一个类只有一个直接基类时称为单一继承;而一个类同时有多个直接基类时,则称为多重继承。

基类与派生类之间的关系如下:

(1)基类是对派生类的抽象,派生类是对基类的具体化。基类抽取了它的派生类的公共特征,而派生类通过增加信息将抽象的基类变为某种有用的类型,派生类是基类定义的延续。

(2)派生类是基类的组合。多重继承可以看作是多个单一继承的简单组合。

(3)公有派生类的对象可以作为基类的对象处理。这一点与类聚集(成员对象)是不同的,在类聚集中,一个类的对象只能拥有作为其成员的其他类的对象,但不能作为其他类对象而使用。

9.4.1 单一继承

根据基类数目的不同,派生类可以分为单一继承和多重继承,这一小节中主要介绍的是单一继承。在 C++语言中,单一继承派生类的定义格式如下:

class <派生类名>:[继承方式]<基类名>
{
    定义派生类自己的成员;
};

对派生类的定义,有以下几点说明:

(1)class 是类声明的关键字,用于告诉编译器下面声明的是一个类。

(2)派生类名是新生成的类名。

(3)继承方式规定了如何访问从基类继承的成员。继承方式关键字为 private、public和 protected,分别表示私有继承、公有继承和保护继承。默认情况下是私有 private 继承。类的继承方式决定了派生类成员以及类对象对于从基类继承来的成员的访问权限。

(4)派生类成员除了指从基类继承来的所有成员之外,还包括新增加的数据成员和成员函数。这些新增加的成员正是派生类不同于基类的关键所在,是派生类对基类的发展。当重用和扩充已有的代码时,就是通过在派生类中新增成员来增加新的属性和功能。

【例9-10】 定义一个派生类。

```
//定义一个基类 TPerson
class TPerson
```

```
{
    private:
        char name[20];
        char sex;
        int age;
    public:
        void setInfo(char * n,char s,int a);
        void showInfo();
};
//定义一个派生类
class TStudent:public TPerson
{
    protected:
        char no[11];
        float score;
    public:
        void setStuInfo(char * num,float s);
        void showScore();
};
```

9.4.2 多重继承

当基类名有多个时，这种继承方式称为多重继承。此时，派生类同时得到了多个已有类的特征。在多重继承中，各个基类名之间用逗号隔开。多重继承的定义格式如下：

class <派生类名>: [继承方式]基类名 1, [继承方式]基类名 2, …
{
    定义派生类自己的成员；
};

【例 9-11】 定义多重继承派生类。

```
# include < iostream >
using namespace std;
//定义一个基类 1
class TLength
{
    protected:
        int length;
    public:
        void setLength(int l)
        {
            length = l;
        }
};
//定义一个基类 2
class TWide
{
    protected:
```

```cpp
        int wide;
    public:
        void setWide(int w)
        {
            wide = w;
        }
};
//多重继承派生类
class TVolume:public TLength,public TWide
{
    private:
        int height;
    public:
        void setHeigt(int h)
        {
            height = h;
        }
        void showVolume()
        {
            cout << length * wide * height << endl;
        }
};
void main()
{
    TVolume t1;
    t1.setLength(2);
    t1.setWide(3);
    t1.setHeigt(4);
    t1.showVolume();
}
```

从多重继承的使用形式可以看出,每个基类都有一个继承方式来限制其成员在派生类中的访问权限,其规则和单一继承情况是一样的。多重继承可以看作是单一继承的扩展,单一继承可以看作是多重继承的一个最简单的特例。

在派生过程中,派生出来的新类也同样可以作为基类再继续派生新的类。此外,一个基类可以同时派生出多个派生类。也就是说,一个类从父类继承来的特征也可以被其他新的类所继承;一个父类的特征可以同时被多个子类继承。这样就形成了一个相互关联的类的家族,称为类族。在类族中,直接参与派生出某类的基类称为直接基类,基类的基类甚至更高层的基类称为间接基类。

9.4.3　派生类的继承方式

在基类内部,自身成员可以对任何一个其他成员进行访问,但是通过基类定义的对象,就只能访问基类的公有成员。派生类继承了基类的全部数据成员和除了构造函数、析构函数之外的全部函数成员,但是这些成员的访问属性在派生的过程中是可以调整的。从基类继承的成员,其访问属性由继承方式控制。表 9-4 列出了不同继承方式下基类成员访问属性的变化情况。

表 9-4　不同继承方式下基类成员的访问属性

继 承 方 式	访问属性		
	public	protected	private
public	public	protected	不可访问的
protected	protected	protected	不可访问的
private	private	private	不可访问的

说明：

该表第一列给出 3 种继承方式，第一行给出基类成员的 3 种访问属性。其余单元格内容为基类成员在派生类中的访问属性。

从表 9-4 中可以看出：

（1）基类的私有成员在派生类中均是不可访问的，它只能由基类的成员访问。

（2）在公有继承方式下，基类中的公有成员和保护成员在派生类中的访问属性不变。

（3）在保护继承方式下，基类中的公有成员和保护成员在派生类中均为保护的。

（4）在私有继承方式下，基类中的公有成员和保护成员在派生类中均为私有的。

注意：保护成员与私有成员唯一不同的是当发生派生后，处在基类 protected 区的成员可被派生类直接访问，而私有成员在派生类中是不可访问的。在同一类中私有成员和保护成员的用法完全一样。

9.4.4　派生类的构造和析构函数

1．构造函数

单一继承和多重继承的构造函数在定义形式上基本是一样的，只是多个基类的构造函数之间用","隔开。

定义格式：

派生类名(参数总表)：基类名 1(参数表 1),基类名 2(参数表 2),…
{
**　　定义派生类自己的成员；**
}

派生类的构造函数同时负责派生类所有基类构造函数的调用，派生类的参数个数必须包含完成所有基类初始化所需的参数个数。

派生类构造函数的执行顺序：先执行基类的构造函数，再执行派生类构造函数。处于同一层的各个基类构造函数的执行顺序，取决于声明派生类时所指定的各个基类的顺序，与派生类构造函数中所定义的成员初始化列表的各项顺序没有关系。析构函数的执行顺序则刚好与构造函数的执行顺序相反。

【例 9-12】　派生类的构造函数。

```
# include < iostream >
using namespace std;
class TLength
{
```

```
    protected:
        int length;
    public:
        TLength(int l)
        {
            length = l;
        }
};
class TWide
{
    protected:
        int wide;
    public:
        TWide(int w)
        {
            wide = w;
        }
};
class TVolume:public TLength,public TWide
{
    private:
        int height;
    public:
        //派生类的构造函数
        TVolume(int l,int w,int h):TLength(l),TWide(w)
        {
            height = h;
        }
        void showVolume()
        {
            cout << length * wide * height << endl;
        }
};
void main()
{
    TVolume t1(2,3,4);
    t1.showVolume();
}
```

2. 析构函数

析构函数没有参数,所以相对于构造函数而言要简单些。在继承中,基类的析构函数不能被继承,如果需要析构的话,在派生类中要定义新的析构函数。派生类析构函数的定义方法与没有继承关系的类中析构函数的定义方法完全相同。析构函数的执行顺序则刚好与构造函数的执行顺序相反。

【例 9-13】 派生类的析构函数。

```
# include < iostream >
using namespace std;
```

```cpp
class TLength
{
    protected:
        int length;
    public:
        TLength( int l)
        {
            length = l;
        }
        //基类的析构函数
        ~TLength( )
        {
            cout <<"执行 TLength 的析构函数!"<< endl;
        }
};
class TWide
{
    protected:
        int wide;
    public:
        TWide( int w)
        {
            wide = w;
        }
        //基类的析构函数
        ~TWide( )
        {
            cout <<"执行 TWide 的析构函数!"<< endl;
        }
};
class TVolume:public TLength,public TWide
{
    private:
        int height;
    public:
        TVolume( int l,int w,int h):TLength(l),TWide(w)
        {
            height = h;
        }
        //派生类的析构函数
        ~TVolume( )
        {
            cout <<"执行 TVolume 的析构函数!"<< endl;
        }
        void showVolume()
        {
            cout << length * wide * height << endl;
        }
};
void main()
{
```

```
        TVolume t1(2,3,4);
        t1.showVolume();
}
```

9.5 简单程序设计举例

【**例9-14**】 通过键盘输入两个整数,求两数之和。要求:用C语言和C++两种语言格式编写。

算法分析:

(1) 定义两个变量,分别保存输入的两个整数;

(2) 计算两个整数之和,保存在定义好的求和变量中;

(3) 输出结果。

程序代码:

```
#include<stdio.h>      //C语言格式
void main( )
{
    int n1,n2,s;
    scanf("%d,%d",&n1,&n2);
    s = n1 + n2;
    printf("%d\n",s);
}


#include<iostream>        //C++语言格式
using namespace std;
int main()
{
    int n1,n2,s;
    std::cout <<"请输入第一个整数: ";
    std::cin >> n1;
    std::cout <<"请输入第二个整数: ";
    std::cin >> n2;
    s = n1 + n2;
    std::cout <<"两数之和是: "<< s << std::endl;
    return 0;
}
```

【**例9-15**】 设计一个立方体类Box,计算并输出立方体的体积和表面积。

算法分析:

(1) 定义一个Box类,含有私有数据成员(立方体边长 length、体积 volume、表面积 area),含有公有函数(构造函数 Box、计算体积函数 getVolume、计算表面积函数 getArea、输出函数 show);

(2) 编写 main()主函数。

程序代码:

```
#include<iostream>
```

```cpp
using namespace std;
class Box
{
    private:
        double length;          //立方体边长
        double volume;          //体积
        double area;            //表面积
    public:
        Box(double l)           //构造函数
        {
            length = l;
            volume = 0.0;
            area = 0.0;
        }
        double getVolume()      //计算体积
        {
            return length * length * length;
        }
        double getArea()        //计算表面积
        {
            return length * length * 6;
        }
        void show()             //输出立方体体积和表面积
        {
            volume = getVolume();
            area = getArea();
            cout <<"立方体的体积: "<< volume <<",表面积: "<< area << endl;
        }
};
int main()                      //主函数
{
    int length = 0;
    cout <<"请输入立方体的边长:";
    cin >> length;
    Box box(length);
    box.show();
    getchar();
    return 0;
}
```

本章小节

　　面向对象技术是当今流行的一种功能强大的编程技术，C++程序设计语言是更具特色的 C 语言，是 C 语言的扩展。类是区分 C 语言和 C++语言的一个基本特征。类是对一组具有相同特征的对象的抽象精述。对象是类的实例，是由数据及其操作所构成的封装体。

　　本章简单介绍了面向对象的基本概念、类和对象之间的关系。讲解了 C++语言的输入输出流、基本数据类型及函数。除此之外，介绍了类的声明使用、构造函数、析构函数及多重继承等内容。

习题

一、填空题

1. 面向对象的英文缩写是_____。

2. 一个对象的大小、形状、颜色和重量是对象的_____。

3. 对象的核心概念就是通常所说的_____、_____和_____。

4. 函数的_____、_____和_____称为函数"三步曲"。

5. cin 后面的符号是_____,cout 后面的符号是_____。

6. C 语言中 printf 命令在 C++中改用_____；C 语言中 scanf 命令在 C++中改用_____。

7. ♯include＜iostream＞命令中,include 的意义是_____。

8. 已知 X＝2,y＝3,x＜y 的值是_____。

9. float 和 double 类型的大小分别为_____和_____。

10. 对一个类中的数据成员的初始化,可以通过_____来实现,也可以通过该类的成员函数来实现。

二、选择题

1. C++语言属于（ ）。

A）自然语言　　　B）机器语言　　　C）面向对象语言　　　D）汇编语言

2. 下面选项中不属于面向对象程序设计特征的是（ ）。

A）继承性　　　B）多态性　　　C）相似性　　　D）封装性

3. 下列有关继承和派生的叙述中,正确的是（ ）。

A）派生类不能访问通过私有继承的基类的保护成员

B）多继承的虚基类不能够实例化

C）如果基类没有默认构造函数,派生类就应当声明带形参的构造函数

D）基类的析构函数和虚函数都不能够被继承,需要在派生类中重新实现

4. 在下列关于 C++函数的叙述中,正确的是（ ）。

A）每个函数至少要有一个参数　　　B）每个函数都必须返回一个值

C）函数在被调用之前必须先声明　　　D）函数不能自己调用自己

5. 当公有派生类的成员函数不能直接访问基类中继承来的某个成员,则该成员一定是基类中的（ ）。

A）私有成员　　　　　　　B）公有成员

C）保护成员　　　　　　　D）保护成员或私有成员

6. 对基类和派生类的关系描述中,错误的是（ ）。

A）派生类是基类的具体化　　　B）基类继承了派生类的属性

C）派生类是基类定义的延续　　　D）派生类是基类的特殊化

7. 所谓多态性是指（ ）。

A）不同的对象调用不同名称的函数　　　B）不同的对象调用相同名称的函数

C）一个对象调用不同名称的函数　　　D）一个对象调用不同名称的对象

8. 在类中说明的成员可以使用的关键字是（   ）。

    A）public　　　　　B）extern　　　　　C）cpu　　　　　D）register

9. 在 C++中，使用流进行输入输出，其中用于屏幕输入的是（   ）。

    A）cin　　　　　　B）cerr　　　　　　C）cout　　　　　D）clog

10. 关于对象概念的描述中，说法错误的是（   ）。

    A）对象就是 C 语言中的结构变量

    B）对象代表着正在创建的系统中的一个实体

    C）对象是类的一个变量

    D）对象之间的信息传递是通过消息进行的

常用字符与ASCII码对照表

ASCII 值	字符	ASCII 值	字符	ASCII 值	字符	ASCII 值	字符
0	NUL	32	（space）	64	@	96	、
1	SOH	33	!	65	A	97	a
2	STX	34	"	66	B	98	b
3	ETX	35	#	67	C	99	c
4	EOT	36	$	68	D	100	d
5	ENQ	37	%	69	E	101	e
6	ACK	38	&	70	F	102	f
7	BEL	39	,	71	G	103	g
8	BS	40	(	72	H	104	h
9	HT	41	)	73	I	105	i
10	LF	42	*	74	J	106	j
11	VT	43	+	75	K	107	k
12	FF	44	,	76	L	108	l
13	CR	45	—	77	M	109	m
14	SO	46	.	78	N	110	n
15	SI	47	/	79	O	111	o
16	DLE	48	0	80	P	112	p
17	DCI	49	1	81	Q	113	q
18	DC2	50	2	82	R	114	r
19	DC3	51	3	83	X	115	s
20	DC4	52	4	84	T	116	t
21	NAK	53	5	85	U	117	u
22	SYN	54	6	86	V	118	v
23	ETB	55	7	87	W	119	w
24	CAN	56	8	88	X	120	x
25	EM	57	9	89	Y	121	y
26	SUB	58	:	90	Z	122	z
27	ESC	59	;	91	[	123	{
28	FS	60	<	92	\	124	|
29	GS	61	=	93	]	125	}
30	RS	62	>	94	^	126	~
31	US	63	?	95	—	127	DEL

上表中控制字符的含义：

字　符	含　义	字　符	含　义	字　符	含　义
NUL	空操作	VT	垂直制表	SYN	空转同步
SOH	标题开始	FF	走纸控制	ETB	信息组传送结束
STX	正文开始	CR	回车	CAN	作废
ETX	正文结束	SO	移位输出	EM	纸尽
EOT	传输结束	SI	移位输入	SUB	换置
ENQ	询问字符	DLE	空格	ESC	换码
ACK	承认	DC1	设备控制1	FS	文字分隔符
BEL	报警	DC2	设备控制2	GS	组分隔符
BS	退一格	DC3	设备控制3	RS	记录分隔符
HT	横向列表	DC4	设备控制4	US	单元分隔符
LF	换行	NAK	否定	DEL	删除

auto				
break				
case	char	const	continue	
default	do	double		
else	enum	extern		
float	for			
goto				
if	int			
long				
register	return			
short	signed	sizeof	static	struct	switch
typedef				
union	unsigned			
void	volatile			
while				

运算符的优先级与结合性

优先级	运算符	含 义	运算符类型	结合方向
1	（）	小括号		自左向右
	[ ]	下标运算符		
	—>	指向结构体成员运算符		
	.	结构体成员运算符		
2	！	逻辑非运算符	单目	自右向左
	~	按位取反运算符	单目	
	++	自增运算符	单目	
	——	自减运算符	单目	
	—	负号运算符	单目	
	（类型）	类型转换运算符	单目	
	*	指针运算符	单目	
	&	地址运算符	单目	
	Sizeof	长度运算符	单目	
3	*	乘法运算符	双目	自左向右
	/	除法运算符	双目	
	%	求余运算符	双目	
4	+	加法运算符	双目	自左向右
	—	减法运算符	双目	
5	<<	左移运算符	双目	自左向右
	>>	右移运算符	双目	
6	<、<=、>、>=	关系运算符	双目	自左向右
7	==	等于运算符	双目	自左向右
	!=	不等于运算符	双目	
8	&	按位与运算符	双目	自左向右
9	^	按位异或运算符	双目	自左向右
10			按位或运算符	双目	自左向右
11	&&	逻辑与运算符	双目	自左向右
12	||	逻辑或运算符	双目	自左向右
13	？：	条件运算符	三目	自右至左
14	+=、—=、*=、/=、%=、>>=、<<=、&=、^=、|=	赋值运算符	双目	自右至左
15	,	逗号运算符		自左向右

附录 D

常用的ANSI C标准库函数

1．数学函数

在使用数学函数时，应该在源文件中使用以下命令行：

♯include < math.h >或♯include "math.h"

函数名	函 数 原 型	功　　能	返回值	说　　明
abs	int abs(int x)；	求整数 x 的绝对值	计算结果	
acos	double acos(double x)；	计算 $\cos^{-1}(x)$	计算结果	x 为－1～1
asin	double asin(double x)；	计算 $\sin^{-1}(x)$	计算结果	x 为－1～1
atan	double atan(double x)；	计算 $\tan^{-1}(x)$	计算结果	
atan2	double atan2（double x, doubley）；	计算 $\tan^{-1}(x)$	计算结果	
cos	double cos(double x)；	计算 $\cos(x)$	计算结果	x 单位为弧度
cosh	double cosh(double x)；	计算 x 的双曲余弦函数 $\cosh(x)$	计算结果	
exp	double exp(double x)；	计算 $\exp(x)$，即 e^x	计算结果	
fabs	double fabs(double x)；	求 x 的绝对值	计算结果	
floor	double floor(double x)；	求出不大于 x 的最大整数	该整数的双精度实数	
fmod	double fmod（double x, double y）；	求整数 x/y 的余数	返回余数的双精度数	
frexp	double frexp（double val, int * eptr）；	把双精度数 val 分解为数字部分（尾数）和以 2 为底的指数 n，即 $val = x \cdot 2^n$，n 存放在 eptr 指向的变量中		
log	double log(double x)；	计算 $\log_e x$ x^y 即 $\ln^x$	计算结果	
log10	double log10(double x)；	计算 $\log_{10} x$	计算结果	
modf	double modf（double val, double * iprtr）；	把双精度数 val 分解为整数部分和小数部分，把整数部分存到 iptr 指向的单元		

函数名	函 数 原 型	功　　能	返回值	说　　明
pow	double pow(double val, double y);	计算 x^y	计算结果	
rand	int rand(void);	产生 $-90 \sim 32767$ 随机整数	随机整数	
sin	double sin(double x);	计算 sin(x)	计算结果	x 单位为弧度
sinh	double sinh(double x);	计算 x 的双曲正弦函数 sinh(x)	计算结果	
sqrt	double sqrt(double x);	计算 $\sqrt{x}$	计算结果	$x \geq 0$
tan	double tan(double x);	计算 tan(x)	计算结果	x 单位为弧度
tanh	double tanh(double x);	计算 x 的双曲正切函数 tanh(x)	计算结果	

2. 字符函数和字符串函数

在使用字符串函数时，应该在源文件中使用以下命令行：

#include < string.h >

在使用字符函数时，应该在源文件中使用以下命令行：

#include < ctype.h >

但是，有的 C 编译不遵循 ANSI 的标准规定，而用其他名称的头文件。

函数名	函 数 原 型	功　　能	返回值	包含文件
isalnum	int isalnum(int ch)	检查 ch 是否是字母或是数字	是字母数字返回 1；否则返回 0	ctype.h
isalpha	int isalpha(int ch)	检查 ch 是否是字母	是，返回 1；不是返回 0	ctype.h
iscntrl	int iscntrl(int ch)	检查 ch 是否是控制字符（ASCII 码在 0 和 0X1F 之间）	是，返回 1；不是返回 0	ctype.h
isdigit	int isdigit(int ch)	检查 ch 是否是数字（0—9）	是，返回 1；不是返回 0	ctype.h
isgraph	int isgraph(int ch)	检查 ch 是否是可打印字符（ASCII 码在 0X21 和 0X7E 之间），不包括空格	是，返回 1；不是返回 0	ctype.h
islower	int islower(int ch)	检查 ch 是否是小写字母（a—z）	是，返回 1；不是返回 0	ctype.h
isprint	int isprint(int ch)	检查 ch 是否是可打印字符（ASCII 码在 0X20 和 0X7E 之间），包括空格	是，返回 1；不是返回 0	ctype.h
ispunct	int ispunct(int ch)	检查 ch 是否是标点字符，即除字母、数字和空格以外的所有可打印字符	是，返回 1；不是返回 0	ctype.h

续表

函数名	函 数 原 型	功　　　能	返回值	包含文件
isspace	int isspace(int ch)	检查 ch 是否是空格、跳格符或换行符	是,返回 1；不是返回 0	ctype. h
isupper	int isupper(int ch)	检查 ch 是否是大写字母(A—Z)	是,返回 1；不是返回 0	ctype. h
isxdigit	int isxdigit(int ch)	检查 ch 是否是一个十六进制数字字符(0—9,或 A—F,或 a—f)	是,返回 1；不是返回 0	ctype. h
stract	char * stract(char * str1,char * str2)	把字符串 str2 接到 str1 后面,str1 最后面的 '\0' 被取消	str1	string. h
strchr	char * strchr(char * str1,int ch)	找出 str 指向的字符串中第一次出现字符 ch 的位置	找出 str 指向的字符串中第一次出现 ch 的位置	string. h
strcmp	int strcmp (char * str1,char * str2)	比较两个字符串 str1,str2	str1 < str2,返回负数；str1＝str2,返回 0；str1 > str2,返回正数	string. h
strcpy	char * strcpy (char * str1,char * str2)	把 str2 指向的字符串拷贝到 str1 中去	返回 str1	string. h
strlen	unsigned int strlen (char * str)	统计字符串 str 中字符的个数(不包括中止符'\0')	返回字符个数	string. h
strstr	char * strstr(char * str1,char * str2)	找出 str2 字符串在 str1 字符串中第一次出现的位置(不包括 str2 串的中止符'\0')	返回该位置的指针。如果找不到,返回空指针	string. h
tolower	int tolowe(int ch)	ch 字符被转换为小写字母	返回 ch 所代表的字符的小写字母	ctype. h
toupper	int toupper(int ch)	ch 字符被转换为大写字母	返回 ch 所代表的字符的大写字母	ctype. h

3. 输入输出函数

在使用输入输出函数时,应该在源文件中使用以下命令行:

```
# include < stdio. h >
```

函数名	函 数 原 型	功　　　能	返　回　值
clearerr	void clearerr(FILE * fp)	使 fp 所指文件的错误标志和文件结束标志置 0	无
close	int close(int fp)	关闭文件	关闭成功返回 0；否则返回 −1
creat	int create(char * filename, int mode)	以 mode 所指定的方式建立文件	成功则返回整数；否则返回 −1
eof	int eof(int fd)	检查文件是否结束	遇文件结束返回 1；否则返回 0

函数名	函 数 原 型	功　能	返 回 值
fclose	int fclose(FILE * fp)	关闭 fp 所指向的文件,释放文件缓冲区	有错则返回非 0;否则返回 0
feof	int feof(FILE * fp)	检查文件是否结束	遇文件结束返回非 0 值;否则返回 0
fgetc	int fgetc(FILE * fp)	从 fp 所指定的文件中取得下一个字符	返回所得到的字符;若读入出错,返回 EOF
fgets	char * fgets(char * buf, int n,FILE * fp)	从 fp 所指定的文件中读取一个长度为(n−1)的字符串,存入起始地址为 buf 的空间	返回地址 buf;若遇文件结束或出错,返回 NULL
fopen	FILE * fopen (char * filename,char * mode)	以 mode 所指定的方式打开名为 filename 的文件	成功,返回一个文件指针;否则返回 0
fprintf	int fprintf(FILE * fp,char * format,args,…)	把 args 的值以 format 指定的格式输出到 fp 所指定的文件中	实际输出的字符数
fputc	int fputc(char ch,FILE * fp)	将字符 ch 输出到 fp 所指向的文件中	成功,则返回该字符;否则返回非 0
fputs	int fputs(char * str,FILE * fp)	将 str 指向的字符串输出到 fp 所指向的文件中	返回 0;若出错返回非 0
fread	int fread (char * pt, unsigned size, unsigned n, FILE * fp)	从 fp 所指定的文件中读取一个长度为 size 的字符串,输出到 pt 指定的内存区	返回所读的数据项个数;如遇文件结束或出错返回 0
fscanf	int fscanf(FILE * fp,char format,args,…)	从 fp 所指定的文件中按 format 给定的格式将输入数据送到 args 所指向的内存单元	已输入的数据个数
fseek	int fseek(FILE * fp,long offset,int base)	将 fp 所指向的文件的位置指针移到 base 所指出的位置为基准、以 offset 为位移量的位置	返回当前位置;否则,返回 −1
ftell	long ftell(FILE * fp)	返回 fp 所指向的文件中的读写位置	返回 fp 所指向的文件中的读写位置
fwrite	int fwrite (char * ptr, unsigned size, unsigned n, FILE * fp)	把 ptr 所指向的 n * size 个字节输出到 fp 所指向的文件中	写到 fp 文件中的数据项的个数
getc	int getc(FILE * fp)	从 fp 所指向的文件中读入一个字符	返回所读的字符;若文件结束或出错,返回 EOF
getchar	int getchar(void)	从标准输入设备读取下一个字符	所读字符;若文件结束或出错,则返回 −1
getw	int getw(FILE * fp)	从 fp 所指向的文件中读取下一个字符	输入的整数;如文件结束或出错,返回 −1
open	int open(char * filename, int mode)	以 mode 所指定方式打开已存在的名为 filename 的文件	返回文件号;如失败,返回 −1
printf	int printf(char * format, args,…)	按 format 所指定的格式字符串所规定的格式,将输出表列 args 的值输出到标准输出设备	输出字符的个数;出错,则返回负数

续表

函数名	函数原型	功　　能	返　回　值
putc	int putc（int ch，FILE ＊ fp）	把一个字符 ch 输出到 fp 所指的文件中	输出的字符 ch；若出错，则返回 EOF
putchar	int putchar(char ch)	把字符 ch 输出到标准输出设备	输出的字符 ch；若出错，则返回 EOF
puts	int puts(char ＊ str)	把 str 所指向的字符串输出到标准输出设备，将'\0'转换为回车换行	返回换行符；若失败，则返回 EOF
putw	int putw（int w，FILE ＊ fp）	将一个整数 w 写到 fp 所指向的文件中	返回输出的整数；若出错，返回 EOF
read	int read（int fd，char ＊ buf，unsigned count）	从文件号 fd 所指向的文件中读取 count 个字节到由 buf 指向的缓冲区中	返回真正读入的字节个数；如遇文件结束返回0；出错返回—1
rename	int rename （char ＊ oldname，char ＊ newname）	把由 oldname 所指的文件名，改为由 newname 所指的文件名	成功返回0；出错返回—1
rewind	void rewind(FILE ＊ fp)	将 fp 所指向的文件中的位置指针至于文件开头处，并清除文件结束标志和错误标志	无
scanf	int scanf（char ＊ format，args，…）	从标准输入设备按 format 指向的格式字符串所规定的格式，输入数据给 args 所指向的单元	读入并赋给 args 的数据个数；遇文件结束返回 EOF；出错返回0
write	int write（int fd，char ＊ buf，unsigned count）	从 buf 所指向的缓冲区输出 count 个字节到 fd 所指向的文件中	返回实际输出的字节数；如出错返回—1

4．动态存储分配函数

ANSI C 提供了 4 个有关的动态分配函数，如下表所示。实际上，许多 C 的编译系统实现时，往往会增加一些其他函数。ANSI C 建议在 stdlib.h 文件中添加有关信息，但许多 C 编译系统要求用"malloc.h"，读者在使用时应查阅有关手册。

函数名	函数原型	功　　能	返　回　值
calloc	void ＊ calloc(unsigned n，unsigned size)	分配 n 个数据项的内存连续空间，每个数据项的大小为 size	分配内存单元的起始地址；如果不成功，返回0
free	void free(void ＊ p)	释放 p 所指的内存区	无
malloc	void ＊ malloc（unsigned size）	分配 size 字节的存储区	所分配的内存区起始地址；如果内存不够，返回0
realloc	void ＊ realloc（void ＊ p，unsigned size）	将 p 所指向的已分配内存区的大小改为 size，size 可以比原来的空间大或小	返回指向该内存区的指针

参 考 文 献

[1] 张继生. C 语言程序设计[M]. 3 版. 北京：清华大学出版社，2015.

[2] 谭浩强. C 程序设计[M]. 4 版. 北京：清华大学出版社，2013.

[3] 杨路明. C 语言程序设计教程[M]. 2 版. 北京：北京邮电大学出版社，2005.

[4] 凯利·波尔. C 语言教程[M]. 北京：机械工业出版社，2007.

[5] 黄维通. C 语言程序设计[M]. 北京：清华大学出版社，2003.

[6] 王行言. 计算机程序设计基础[M]. 北京：高等教育出版社，2004.

[7] 苏小红. C 语言程序设计[M]. 3 版. 北京：高等教育出版社，2015.

[8] 温秀梅. C++语言程序设计教程与实验[M]. 2 版. 北京：清华大学出版社，2009.

[9] 刘永华. C++面向对象程序设计[M]. 北京：清华大学出版社 2011.